普通高等教育"十三五"规划教材
高等院校计算机系列教材
空间信息技术实验系列教材

C 语言程序设计实验教程

丁海玲　李　晶　编

华中科技大学出版社
中国·武汉

内容简介

本书是为"C语言程序设计"课程编写的实验指导用书。

本书由十二个实验和附录组成,每个实验提供了实验前必备的基础知识、典型的实验示例和精心设计的不同难度的实验题。实验示例包括详细分析和实验步骤,读者可以先模仿示例操作,然后再根据自己对知识的掌握情况选择不同难度的实验题进行编程训练。附录介绍了如何在 Visual C++ 6.0 环境下调试运行 C 语言程序,并对初学者在编程中常犯的错误进行解析。

本书可作为高校各专业 C 语言程序设计课程的实验教材,也可作为计算机培训和计算机等级考试辅导的教学用书,还可供自学者参考。

图书在版编目(CIP)数据

C 语言程序设计实验教程/丁海玲,李晶编. —武汉:华中科技大学出版社,2019.1
普通高等教育"十三五"规划教材 高等院校计算机系列教材
ISBN 978-7-5680-3920-8

Ⅰ.①C… Ⅱ.①丁… ②李… Ⅲ.①C 语言-程序设计-高等学校-教材 Ⅳ.①TP312.8

中国版本图书馆 CIP 数据核字(2018)第 277691 号

C 语言程序设计实验教程
C Yuyan Chengxu Sheji Shiyan Jiaocheng

丁海玲 李 晶 编

策划编辑:徐晓琦 李 露
责任编辑:刘 璇
封面设计:原色设计
责任校对:李 弋
责任监印:赵 月
出版发行:华中科技大学出版社(中国·武汉)   电话:(027)81321913
         武汉市东湖新技术开发区华工科技园   邮编:430223
录　排:武汉楚海文化传播有限公司
印　刷:武汉市洪林印务有限公司
开　本:787mm×1092mm 1/16
印　张:7
字　数:143 千字
版　次:2019 年 1 月第 1 版第 1 次印刷
定　价:20.00 元

序

    21 世纪以来,云计算、物联网、大数据、移动互联网、地理空间信息技术等新一代信息技术逐渐形成和兴起,人类进入了大数据时代。同时,国家目前正在大力推进"互联网＋"行动计划和智慧城市、海绵城市建设,信息产业在智慧城市、环境保护、海绵城市等诸多领域将迎来爆发式增长的需求。信息技术发展促进信息产业飞速发展,信息产业对人才的需求剧增。地方社会经济发展需要人才支撑,云南省"十三五"规划中明确指出,信息产业是云南省重点发展的八大产业之一。在大数据时代背景下,要满足地方经济发展需求,对信息技术类本科层次的应用型人才培养提出了新的要求,传统拥有单一专业技能的学生已不能很好地适应地方社会经济发展的需求,社会经济发展的人才需求将更倾向于融合新一代信息技术和行业领域知识的复合型创新人才。

    为此,云南师范大学信息学院围绕国家、云南省对信息技术人才的需求,从人才培养模式改革、师资队伍建设、实践教学建设、应用研究发展、发展机制转型 5 个方面构建了大数据时代下的信息学科。在这一背景下,信息学院组织学院骨干教师力量,编写了空间信息技术实验系列教材,为培养适应云南省信息产业乃至各行各业信息化建设需要的大数据人才提供教材支撑。

    该系列教材由云南师范大学信息学院教师编写,由杨昆负责总体设计,由冯乔生、肖飞、罗毅负责组织实施。系列教材的出版得到了云南省本科高校转型发展试点学院(系)建设项目的资助。

前　言

C语言程序设计是高校计算机相关专业的一门重要的专业基础课程,具有很强的实践性。该课程旨在培养学生程序设计的基本能力,掌握程序调试的技能,为后续的"数据结构"、"面向对象程序设计"等课程的学习打下良好基础。学习该课程时,学生不仅要掌握C语言的基本语法和程序设计的基本算法,更重要的是在实践中逐步理解和掌握程序设计的思想、方法和技巧,培养良好的编程风格,初步具备利用计算机求解实际问题的基本能力。因此,在C语言程序设计课程的教学过程中,要特别重视实践环节,加强学生的实践编程能力的训练。

本书是为"C语言程序设计"课程编写的实验指导用书,主要有以下几个特点:

(1)对每个实验所需的知识进行归纳与总结,加深读者对知识重难点的理解和掌握。

(2)用"获取数据—处理数据—给出结果"模式对实验示例进行分析,培养读者分析问题和解决问题的能力。

(3)以知识点为主线精心设计实验题目,并设置不同的难度系数,读者可根据自己对知识的掌握情况选择不同难度的实验题进行编程训练。

(4)在综合程序设计实验中,按照软件工程实践的原则,对示例程序的设计过程进行详细分析,使读者了解软件工程设计的主要步骤和方法,初步建立软件工程思想。

本书由十二个实验和附录组成,每个实验提供了实验前必备的基础知识、典型的实验示例和精心设计的不同难度的实验题。实验示例包括详细分析和实验步骤,读者可以先模仿示例操作,然后再根据自己对知识的掌握情况选择不同难度的实验题进行编程训练。实验一至实验十一是基础实验,帮助读者加深理解和巩固所学知识,实验十二是综合实验,通过综合程序设计训练,进一步提高读者运用C语言编写程序解决实际问题的能力。附录介绍了如何在Visual C++ 6.0环境下调试运行C语言程序,并对初学者在编程中常犯的错误进行解析。

在本书的规划和写作过程中,陈玉华老师对书稿提出了宝贵的意见和建议,在此向她表示衷心的感谢。同时,还参阅了国内外诸多同行的著作及网站资料,在此向他们致以谢意。

由于编者水平有限,书中难免存在不足之处,恳请读者批评指正。

编　者
2018 年 2 月

目　　录

实验一 简单C语言程序设计

一、实验目的

(1)了解并熟悉 Visual C++ 6.0 开发环境。

(2)掌握 C 语言程序的上机操作步骤。

(3)了解 C 语言程序中的错误类型,初步掌握查找与排除 C 语言程序中语法错误的方法。

(4)通过编写简单的 C 语言程序,掌握 C 语言程序的基本框架。

二、实验要求

(1)预习实验内容,上机输入源程序,调试运行并记录运行结果。

(2)注意程序的书写格式。

(3)实验结束后,按要求完成实验报告。

三、实验原理

以下是所有 C 语言程序都必须要有的框架。

```
# include <stdio.h>
int main(void)
{
    //程序语句
    return 0;
}
```

四、实验内容

1. 示例。

(1)阅读以下程序,其功能是在屏幕上显示一个短句:"This is my first C program!"。
源程序为

```
# include <stdio.h>
int main(void)
{
    printf("This is my first C program! \n");
    return 0;
}
```

(2)参考本书附录 A 中的 Visual C++ 6.0 环境下 C 语言程序上机步骤,新建源程序文件,输入示例代码并编译、连接和运行,并观察程序运行结果。

(3)去掉"printf("This is my first C program! \n");"语句中的\n ,观察程序执行结果。

(4)编写代码,在屏幕上显示两个短句:"Hello!"和"Nice to meet you!"。每行显示一个句子。

2.(难度★)编写一个程序,在屏幕上显示以下图形。

提示:可以使用多个 printf( )语句输出。

```
                *
                * *
*               * * *
* *             * * * *
* * * * * * * * * * * * * * *
* *             * * * *
*               * * *
                * *
                *
```

3.(难度★★)下面程序段有 3 个错误,请找出并改正。再将代码录入并编译运行。

```c
# include <stdio.h>
int main(void)
{
    print(hi)
    return 0;
}
```

实验二　顺序结构程序设计

一、实验目的

(1)掌握 C 语言程序基本数据类型中各类型变量的定义和使用方法。

(2)掌握算术运算符、赋值运算符及其表达式的应用。

(3)掌握格式化输入/输出函数和字符输入/输出函数的使用方法。

(4)掌握库函数的调用方法,初步了解函数的定义和调用。

(5)理解顺序结构程序设计的基本思想。

二、实验要求

(1)预习实验内容,复习相关知识点。

(2)对设计型实验先进行数据分析和功能分析,画出程序流程图,再编写程序并调试运行,按要求回答问题。

(3)实验结束后,总结程序存在的不足并思考改进方法,按要求完成实验报告。

三、实验原理

每个处理数据的程序都在遵循"获取数据——处理数据——给出结果"的模式。程序可以通过键盘输入或者赋值语句来获取数据,经计算处理后,通过输出语句给出结果。程序框架为

```
# include <stdio.h>
int main(void)
{
        //定义变量
        //获取数据
        //处理数据
        //给出结果
        return 0;
}
```

四、实验内容

1.示例。

编程实现:输入半径值,输出圆周长、圆面积、球体体积,要求保留 3 位小数。

（1）程序数据分析。

首先，需设置 4 个变量来存储 4 个数据：半径值、圆周长、圆面积、球体体积，如表 2-1 所示。

表 2-1 "计算圆周长、圆面积、球体体积"的变量分析

变量名	类型	用 途
r	float	接收键盘输入的半径值
c	float	存储计算所得圆周长
s	float	存储计算所得圆面积
v	float	存储计算所得球体体积

（2）程序功能分析。

①获取数据：键盘输入 r 的值。

②处理数据：依照公式分别计算圆周长、圆面积、球体体积的值。

③给出结果：屏幕显示圆周长、圆面积、球体体积的值。

依据分析，先画出程序流程图，如图 2-1 所示，再写出相应的程序。

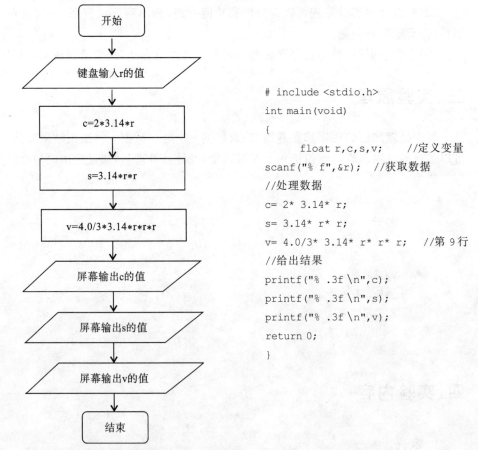

```
# include <stdio.h>
int main(void)
{
    float r,c,s,v;      //定义变量
scanf("% f",&r);  //获取数据
//处理数据
c= 2* 3.14* r;
s= 3.14* r* r;
v= 4.0/3* 3.14* r* r* r;   //第 9 行
//给出结果
printf("% .3f \n",c);
printf("% .3f \n",s);
printf("% .3f \n",v);
return 0;
}
```

图 2-1 计算圆周长、圆面积、球体体积的程序流程图

（3）上机输入源程序，调试运行并记录运行结果。注意程序的书写格式。

（4）思考：第 9 行代码 v＝4.0/3＊3.14＊r＊r＊r 能否改为 v＝4/3＊3.14＊r＊r＊r?为什么? 运行程序进行验证。

（5）参照下面的程序运行结果修改源程序，要求输入输出要有提示信息。

请输入半径值：3.2

以 3.20 为半径的圆周长为 20.096

以 3.20 为半径的圆面积为 32.154

以 3.20 为半径的球体体积为 137.189

2.（难度★）阅读下面的程序。

```
# include <stdio.h>
int main(void)
{
char c1,c2;
    c1= 'a';
    c2= 'b';
    printf("% c,% c\n",c1,c2);
    printf("% d,% d\n",c1,c2);
    return 0;
}
```

（1）先人工分析程序的输出结果，然后上机运行程序，将输出结果填入表 2-2。

表 2-2　程序运行结果表 1

人工分析 输出结果	程序运行 输出结果

（2）分析两个 printf（ ）输出的结果之间存在的联系。

3.（难度★）阅读下面的程序。

```
# include <stdio.h>
int main(void)
{
    int i,j,m,n;
    i= 6;
    j= 8;
    m= + + i;        //第 7 行
    n= j+ + ;        //第 8 行
    printf("i= % d,j= % d,m= % d,n= % d\n",i,j,m,n);
    return 0;
}
```

(1)先人工分析程序的输出结果,然后上机验证,将输出结果填入表 2-3。

表 2-3　程序运行结果表 2

人工分析 输出结果	程序运行 输出结果

(2)先将程序中的第 7 行和第 8 行分别改为

```
m= i+ + ;
n= + + j;
```

再分析程序的输出结果,然后上机验证,将输出结果填入表 2-4。

表 2-4　程序运行结果表 3

人工分析 输出结果	程序运行 输出结果

(3)将程序改为如下代码,先人工分析输出结果,然后上机验证,最后将输出结果填入表 2-5。

```c
# include <stdio.h>
int main(void)
{
    int m,n;
    m= 6;
    n= 8;
    printf("% d,% d\n",m+ + ,n+ + );   //第 7 行
    return 0;
}
```

表 2-5 程序运行结果表 4

人工分析 输出结果	程序运行 输出结果

(4)在(3)的基础上,将第 7 行 printf 语句改为以下语句,分析输出结果,然后上机验证,将输出结果填入表 2-6。

```
printf("% d,% d\n",+ + m,+ + n);
```

表 2-6 程序运行结果表 5

人工分析 输出结果	程序运行 输出结果

4.(难度★★)编程实现:从键盘输入三个整数,计算它们的平均值,要求平均值精确到小数点后 2 位。

提示:注意除法运算符的用法。当参加运算的两个操作数都为整数时,结果为整数;至少有一个操作数为实数时,结果才为实数。该题可先用强制类型转换运算符将输入的整数转换为实数,然后再进行除法运算。

5.(难度★★)编程实现:从键盘输入一个实数 x,计算 $\sqrt{\dfrac{|\sin x|}{e^x}}$ 的值(保留 3 位小数)。

提示:

(1)将所有变量定义为双精度实型 double。

(2)调用数学库函数时,要在程序开头包含头文件 math. h,并注意调用库函数的先后顺序。

（3）程序运行结果示例如下：

请输入实数 x:1.57

计算结果:0.208

6.（难度★★）下列程序的功能:从键盘输入两个整数,分别存放在变量 a 和 b 中,然后将 a 与 b 中的数据进行交换。

示例:

输入:10,20

输出:交换前:a＝10, b＝20

　　　交换后:a＝20, b＝10

```c
# include <stdio.h>
int main(void)
{
    ①    //定义变量
    ②    //获取数据(从键盘输入两个整数)
    ③    //显示交换前的数据值
    //交换变量 a 与 b 的值
    t= a;
    a= b;
    b= t;
    ④    //显示交换后的数据值
}
```

具体要求:

（1）请在程序中的编号①～④处添加代码实现相应功能,将源程序补充完整后上机调试运行。

（2）分析为何要用中间变量 t 来实现两个数的交换,如果不用 t,直接写成"b＝a; a＝b;",可行吗？

7.（难度★★）设某银行定期存款的年利率"rate"为 1.75％,编写程序,从键盘输入存款本金"money"和存款期 n 年,计算 n 年后的本息之和"sum"。

提示:根据题意写出计算公式,调用库函数并包含相应的头文件,注意库函数的参数和返回值的类型。

实验三 选择结构程序设计

一、实验目的

(1)学会用关系表达式和逻辑表达式描述选择结构程序设计中的条件。

(2)掌握 if 语句及其嵌套的使用方法。

(3)掌握 switch 语句的使用方法,理解 break 语句在 switch 语句中的作用。

(4)理解选择结构程序设计的基本思想。

二、实验要求

(1)预习实验内容,复习相关知识点。

(2)对设计型实验先进行数据分析和功能分析,然后画出程序流程图,再编写程序并调试运行,按要求回答问题。

(3)实验结束后,总结程序语句中存在的不足之处并思考改进方法,并按要求完成实验报告。

三、实验原理

选择结构的语句有 if 语句和 switch 语句。一个 if 语句可以根据条件的真假在两种情况中进行选择,若进行多种情况的选择则需要 if 语句嵌套;switch 语句可以根据表达式的值在若干常量中进行匹配,处理多分支选择问题。

四、实验内容

1. 示例。

编程实现:输入两个实数,显示其和、差、积、商。

(1)程序数据分析。

需设置两个实数变量(分别命名为 a、b)存储利用键盘输入的数;两数的和、差、积、商仅用于屏幕显示,不需要进行存储。

(2)程序功能分析。

①获取数据:键盘输入。

②处理数据:进行加、减、乘、除四则运算;进行除法运算前需判断 b 是否为 0,若 b 为

0,只输出提示信息。

③给出结果:屏幕显示输入数据的和、差、积、商。

依据分析,画出程序流程图,如图 3-1 所示。

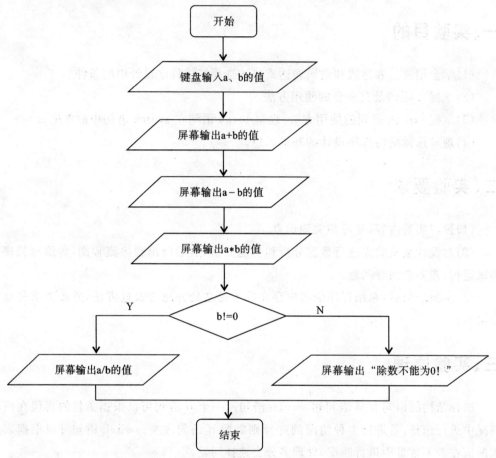

图 3-1 两个实数四则运算的程序流程图

根据以上程序流程图写出源程序,如下:

```c
# include <stdio.h>
int main(void)
{
    float a,b;    //定义变量
    scanf("% f % f",&a,&b); //获取数据
    //处理数据并给出结果
    printf("% .2f\n",a+ b);
    printf("% .2f\n",a- b);
    printf("% .2f\n",a* b);
    if(b! = 0)
    {
```

```
        printf("% .2f\n",a/b);
        }
        else
    {
      printf("除数不能为 0! \n");
    }
    return 0;
  }
```

(3)输入源程序,调试运行并记录运行结果。

(4)参照下面的程序运行结果修改源程序,要求输入前显示提示信息,输出时显示整个算式和结果。

请输入两个数,中间用空格隔开:3.14 6.98。

3.14+ 6.98= 10.12

3.14- 6.98= - 3.84

3.14* 6.98= 21.92

3.14/6.98= 0.45

2.(难度★)阅读下面的程序。

```
# include <stdio.h>
int main(void)
{
    int a= 2,b= 3,c= 1;
    if(a> b)
        if(a> c)
            printf("% d\n",a);
        else
            printf("% d\n",b);
    printf("over! \n");
    return 0;
    }
```

具体要求:

(1)人工分析程序的输出结果,并填入表 3-1 中。

(2)上机输入源程序,调试运行并记录运行结果,填入表 3-1 中。比较运行结果与人工分析的结果是否一致。

(3)分析 a、b 和 c 要满足什么条件时,才能执行语句 printf("％d\n",a);。

(4)分析 a、b 和 c 要满足什么条件时,才能执行语句 printf("％d\n",b);。

(5)分析程序中的 else 与哪个 if 配对,掌握 else 和 if 的匹配准则。如果要让 else 与第一个 if 配对,需要如何修改程序?

表 3-1 程序运行结果表 1

人工分析 输出结果	程序运行 输出结果

3.(难度★)阅读下面的程序。

```c
# include <stdio.h>
int main(void)
{
    int a;
    scanf("% d",&a);
    if(a> 30) printf("% d\n",a);
    if(a> 20) printf("% d\n",a);
    if(a> 10) printf("% d\n",a);
    return 0;
}
```

具体要求：

(1)若 a 的值分别为 38、28、18,人工分析程序的输出结果,并填入表 3-2 中。

(2)上机输入源程序,调试运行并记录运行结果。每次输入相应数据后观察程序的输出结果,比较程序运行输出结果与人工分析的结果是否一致,理解程序中 if 语句的执行过程。

表 3-2 程序运行结果表 2

输入	人工分析 输出结果	程序运行 输出结果
38		
28		
18		

4.(难度★)阅读下面的程序。

```c
# include <stdio.h>
int main(void)
{
```

```
int x;
scanf("% d",&x);
switch(x)
{
    case 1: printf("春季\n");    //第 8 行
    case 2: printf("夏季\n");    //第 9 行
    case 3: printf("秋季\n");    //第 10 行
    case 4: printf("冬季\n");    //第 11 行
    default: printf("输入错误\n");
}
return 0;
}
```

具体要求：

(1)人工分析 x 的值分别为 0、1、2、3、4 时程序的输出结果,然后上机验证,将输出结果填入表 3-3 中。

表 3-3　程序运行结果表 3

输入	人工分析 输出结果	程序运行 输出结果
0		
1		
2		
3		
4		

(2)修改程序第 8～11 行的代码,分别在每个 printf( )后增加 break 语句;,重新分析并验证 x 的值分别为 0、1、2、3、4 时程序运行的输出结果,并将输出结果填入表 3-4 中。

表 3-4　程序运行结果表 4

输入	人工分析 输出结果	程序运行 输出结果
0		
1		
2		
3		
4		

(3)比较程序修改前和修改后的运行结果,并分析原因,理解 break 语句在 switch 结构中的作用。

5.(难度★)编程实现:从键盘输入一个字符,如果输入的是小写英文字母,则将其转换为大写英文字母,然后将转换后的英文字母及其 ASCII 码值输出到屏幕上,如果输入的是其他字符,则不转换并直接将它及其 ASCII 码值输出到屏幕上。

提示:

(1)定义一个字符型变量 ch,用来存储输入的字符。

(2)从键盘输入字符可调用函数 scanf( )或 getchar( ),输出字符可调用函数printf( )或 putchar( )。

(3)小写英文字母的 ASCII 码值比相应的大写英文字母的 ASCII 码值大 32,可以通过改变 ASCII 码值对字母进行大小写转换。

(4)正确使用关系表达式和逻辑表达式。要判断 ch 是否为小写英文字母,可用表达式:ch>='a'&&ch<='z' 或者 ch>=97&&ch<=122。

(5)程序运行结果示例如下:

①请输入一个字符:a

字符及 ASCII 码值:A,65

②请输入一个字符:?

字符及 ASCII 码值:?,63

6.(难度★)输入一个正整数,判断其奇偶性。

提示:利用求余运算符%判断奇偶性。

7.(难度★)输入一个表示年份的整数,输出该年是否为闰年,要求闰年满足以下两个条件中的任意一个:

(1)能被 4 整除,但不能被 100 整除;

(2)能被 400 整除。

8.(难度★)编写程序,要求实现用户在输入星期几(1~7 的整数)后,可以显示当天食谱的内容。假设一周食谱如下:

星期一:青菜

星期二:鸡

星期三:鱼

星期四:肉

星期五:鸡蛋

星期六:豆制品

星期日:海鲜

具体要求:

(1)输入整数前要有提示信息,输入后要检查数据的合法性,如果输入的整数不是1~7,则输出"输入错误!",程序运行结果示例如下:

请输入星期几(1~ 7的整数):5

星期五:鸡蛋

(2)分别用嵌套的 if 语句和 switch 语句实现多分支选择。

(3)分别输入 1、2、3、4、5、6、7 和其他任意一个整数,对程序进行测试。

9.(难度★)医务工作者通过广泛的调查和统计分析,根据成人的身高与体重因素给出了按"体质指数"进行判断的方法,具体如下:

体质指数 t=体重 w/(身高 h)^2(w 的单位为 kg,h 的单位为 m)。

当 t<18 kg/m^2 时,为低体重;

当 t 介于 18 kg/m^2 和 25 kg/m^2 之间时,为正常体重;

当 t 介于 25 kg/m^2 和 27 kg/m^2 之间时,为超重体重;

当 t≥27 kg/m^2 时,为肥胖。

编程实现:从键盘输入您的身高 h 和体重 w,根据上述公式计算体质指数 t,然后判断您的体重属于何种类型。

具体要求:

(1)输入、输出要有提示信息,程序运行结果示例如下:

请输入您的身高(单位为 m):1.6

请输入您的体重(单位为 kg):50

您的体重正常!

(2)选用合适的选择语句。

(3)针对低体重、正常体重、超重体重、肥胖这 4 种情况,分别输入不同的身高和体重值,对程序进行测试。

(4)如果输入的值为负数会有什么结果? 如何修改程序以应对不合理数据?

10.(难度★★)编程实现:从键盘输入系数 a、b、c 的值,计算并输出一元二次方程 $ax^2+bx+c=0$ 的根。

具体要求:

(1)输入、输出要有提示信息。

(2)选用合适的选择语句。

(3)所有变量使用 float 或 double 类型。

(4)对程序进行测试时,要针对 $a=0$、$b^2-4ac=0$、$b^2-4ac>0$、$b^2-4ac<0$ 这 4 种情况,设计 4 个测试用例,程序运行结果示例如下:

①请输入一元二次方程的系数 a,b,c:0,9,6

　不是一元二次方程!

②请输入一元二次方程的系数 a,b,c:1,2,1

　两个相等的实根:x1= x2= - 1.00

③请输入一元二次方程的系数 a,b,c:2,6,3

　两个不相等的实根:x1= - 0.63, x2= - 2.37

④请输入一元二次方程的系数 a,b,c:3,2,1

　共轭复根:x1= - 0.33+ 0.47i, x2= - 0.33- 0.47i

提示:

(1)首先对系数 a 的值进行判断,如果 a 为 0,则输出"不是一元二次方程!",否则根据判别式的值,分大于 0、等于 0、小于 0 这 3 种情况输出方程的根。

(2)调用库函数 sqrt( )和 fabs( ),要在程序开头包含头文件 math. h。

(3)注意系数 a 和 delta 与 0 比较的方式,应当避免对实数进行相等或不相等的关系运算。由于编译器给浮点数类型分配的空间限制(float 型 4 字节,double 型 8 字节),变量能表示的数据范围是有限的,多数实数也不能被精确地表示。所以不能用"if(a= = 0)"这种方法判断实数 a 是否等于 0,只能判断实数 a 是否近似为 0,即判断 a 与 0 的距离是否足够小。同理,若判断两个实数是否相等,应判断两数之差的绝对值是否近似为 0。

例如,在程序开头加上预定义符号常量:

define EPS 1.0E- 6 //科学计数法 1.0E- 6 代表 10^{-6}

相应的判定 a、delta 为 0 的语句为

if(fabs(a)< = EPS) //a 等于 0 时,输出"不是一元二次方程!"

if(fabs(delta)< = EPS) //判别式等于 0 时,输出两个相等的实根

11.(难度★★)从键盘输入三角形的三条边(整数),判断它们能否构成三角形。如果能构成三角形,判断是何种三角形:直角三角形、等边三角形、等腰三角形和一般三角形?

具体要求:

(1)输入、输出要有提示信息。

(2)选用合适的选择语句。

(3)对程序进行测试时,要针对不能构成三角形、直角三角形、等边三角形、等腰三角形、一般三角形的 5 种情况,来设计 5 个测试用例,程序运行结果示例如下:

①请输入三角形的三条边 a,b,c:1,2,3

　不能构成三角形

②请输入三角形的三条边 a,b,c:3,4,5

　　直角三角形

③请输入三角形的三条边 a,b,c:3,3,3

　　等边三角形

④请输入三角形的三条边 a,b,c:3,3,4

　　等腰三角形

⑤请输入三角形的三条边 a,b,c:4,5,6

　　一般三角形

(4)如果所有变量都使用 float 或 double 类型,包括输入的三角形的三条边,程序中需要对实数进行比较,如何修改?

提示:

(1)在一个三角形中,任意两边之和大于第三边。

(2)理清各种三角形之间的逻辑关系,判断三角形类型的顺序是先特殊后一般。注意:等边三角形是等腰三角形的一种特例,必须先判断三角形是否为等边三角形,再判断它是否为等腰三角形,反之则永远得不到三角形为等边三角形的结果。

(3)参看第 10 题提示(3),注意两个实数是否相等的判定方法。

12.(难度★★)输入学生的百分制成绩(0~100 的整数),输出对应的成绩等级(A~E)。

对应规则如下:

[90，100]:等级 A

[80，90)：等级 B

[70，80)：等级 C

[60，70)：等级 D

[0，60)：等级 E

具体要求:

(1)输入、输出要有提示信息,输入成绩后要检查数据的合法性,如果输入的成绩不是 0~100 的数,则输出"输入错误!"。程序运行结果示例如下:

请输入百分制成绩:86

成绩等级:B

(2)分别用嵌套的 if 语句和 switch 语句实现多分支选择。

(3)分别输入 109、59、60、70、80、90、100 和其他整数,对程序进行测试。

13.(难度★★)设计一个简单的计算器,能够对输入的实数进行加(+)、减(-)、乘(＊)、除(/)四则运算。

具体要求:

(1)输入、输出要有提示信息,要求用户从键盘输入的算式形式为"第一数 运算符 第二数"。程序运行结果示例如下：

请输入一个算式：2.5+ 3.6

计算结果：6.10

（2）分别用嵌套的 if 语句和 switch 语句实现多分支选择。

提示：

（1）用 float 或 double 类型变量存储操作数，用 char 类型变量存储运算符。

（2）若运算符为除法，第二数为 0，则不能进行除法运算。

（3）参看第 10 题提示（3），注意实数相等的判定方法。

14.（难度★★★）输入三个整数 a、b、c，按从大到小的顺序输出。

提示：

（1）方法 1：输入数据后不改变 a、b、c 的值，区分 3 个数从大到小的各种排列情形，分情况输出。

（2）方法 2：通过比较和交换，先使 a 中存储最大的数，b 次之，c 最小，再输出。变量值的交换参看实验二中实验内容 6。

（3）思考：如果有 5 个数据参与排序，上述（1）（2）的方案还可行吗？如果有更多数据呢？

实验四　循环结构程序设计

一、实验目的

(1)掌握 while、do-while 和 for 语句的使用方法,理解三种循环语句的执行过程。

(2)理解 break 语句和 continue 语句在循环结构程序中的不同作用。

(3)掌握嵌套循环的程序设计方法。

(4)理解循环结构程序设计的基本思想。

二、实验要求

(1)预习实验内容,复习相关知识点。

(2)对设计型实验先进行数据分析和功能分析,然后画出程序流程图,再编写程序并调试运行,并按要求回答问题。

(3)实验结束后,总结程序中存在的不足并思考改进方法,按要求完成实验报告。

三、实验原理

使用循环结构解决问题,设计程序时需要考虑下面五个要素。

①初值:循环开始时相关数据的值。

②循环条件:循环继续的条件。

③重复的工作:重复执行的语句。

④改变循环控制变量:重复执行的语句每次执行后,要修改循环控制变量。

⑤循环会停止吗? 改变循环控制变量若干次后,应当使循环条件为假,从而停止循环。

对循环问题进行"循环五要素"的分析是十分必要的,通过这个步骤初学者可以理清思路,尽快掌握循环程序的编写。初学者可以将"循环五要素"中①~④固定在各循环语句中的相应位置,并结合①②④进行逻辑检查,保证⑤循环能停止。

循环各要素在 for 语句中体现如下:

```
for(循环初值;循环条件;改变循环控制变量)
{
    重复的工作
}
```

循环各要素在 while 语句中体现如下:

```
循环初值
while(循环条件)
{
```

```
        重复的工作
        改变循环控制变量
}
```

循环各要素在 do-while 语句中体现如下：

```
循环初值
do
{
        重复的工作
        改变循环控制变量
} while(循环条件);
```

各循环语句对应的程序流程图如图 4-1 和图 4-2 所示。

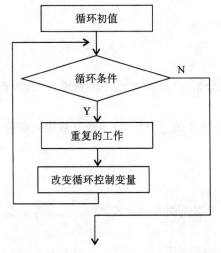

图 4-1　for 语句和 while 语句的程序流程图

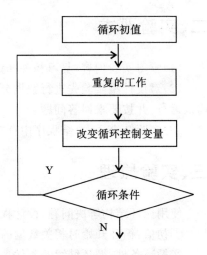

图 4-2　do-while 语句的程序流程图

四、实验内容

1. 示例。

某次大学生体检后，需统计 10 人的平均身高。编写程序，输入 10 个表示身高的实数，输出平均身高。

（1）程序数据分析。

需设置三个变量存储数据，如表 4-1 所示。

表 4-1　"求平均身高"的变量分析

变量名	类型	用　　途	备注
height	float	接收键盘输入的身高数据	
sum	float	存储输入的身高数据总和	初值为 0
i	int	循环控制	

（2）程序功能分析。

①获取数据：键盘输入 height。

②处理数据：将键盘输入的 height 累加存储于 sum。

③给出结果：屏幕显示平均身高值sum/10的值。

键盘输入的 height 累加存储于 sum 是一个反复求和的过程，sum＝sum＋height 将被重复执行 10 次，循环五要素的分析如下：

①初值：sum 为 0，i 为 1；

②循环条件：i<=10；

③重复的工作：键盘输入 height，height 累加到 sum；

④改变循环控制变量：i++；

⑤循环会停止吗？i 的初值为 1，每次累加后改变循环控制变量使 i 值增加 1，10 次后会使条件"i<=10"为假，从而停止循环。

依据分析，画出程序流程图，如图 4-3 所示。

根据流程图写出源程序，如下：

```c
# include <stdio.h>
int main(void)
{
    float height,sum;    //分别存储身高、总和
    int i;               //循环控制变量
    sum= 0;
    for(i= 1;i< = 10;i+ + )    //处理数据:输入并累加
    {
        printf("请输入第% d个身高值(单位:米):",i);    //显示提示信息
        scanf("% f",&height);    //输入身高数据
        sum= sum+ height;    //累加
    }
    printf("平均身高为:% .2f\n",sum/10); //给出结果
    return 0;
}
```

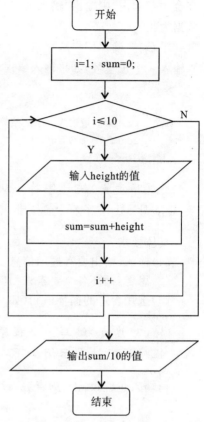

图 4-3　求 10 人平均身高的程序流程图

（1）上机输入源程序，调试运行并记录运行结果。

（2）修改程序，输入表示人数的整数 n，再输入 n 个人的身高数据，求其平均值。

2．（难度★）参看实验三中实验内容 7，输入两个年份 m 和 n(m≤n)，输出 m 和 n 之间（包括 m 和 n）的所有闰年年份。

具体要求：

输入、输出要有提示信息，并且要判断输入数据的合法性，如果输入的年份 m 和 n 不

在合法范围内,则输出"输入错误! 请重新输入。",用户重新输入数据,直到输入了合法的数据为止。

提示:要确保用户从键盘输入的数据符合要求,可用 do-while 语句来实现。例如,要求输入一个正整数,如果输入错误,则需要重新输入。参考代码如下:

```
do
{
        printf("请输入一个正整数:");
        scanf("% d", &n);
} while(n< = 0);
```

3.(难度★)统计字符。从键盘输入一行字符(按回车键结束),统计其中英文字母、数字字符、空格和其他字符的个数。

具体要求:
(1)输入、输出要有提示信息。
(2)思考:循环各个要素该如何设置?
(3)选用合适的循环语句(如 while 语句、do-while 语句、for 语句)。

4.(难度★)编写一个程序打印菱形星号图案,行数 n(n 为奇数)由键盘输入。程序运行结果示例如下:

```
请输入正整数 n(n 为奇数):7
      *
    * * *
  * * * * *
* * * * * * *
  * * * * *
    * * *
      *
```

提示:该图可以分成上下两部分打印,前 n/2+1 行一个规律,后 n/2 行一个规律,用嵌套循环实现。

5.(难度★)在屏幕上输出如图 4-4 所示的国际象棋棋盘。

图 4-4　输出国际象棋棋盘图

6.（难度★）输出九九乘法表。

```
1*1=1
1*2=2  2*2=4
1*3=3  2*3=6   3*3=9
1*4=4  2*4=8   3*4=12  4*4=16
1*5=5  2*5=10  3*5=15  4*5=20  5*5=25
1*6=6  2*6=12  3*6=18  4*6=24  5*6=30  6*6=36
1*7=7  2*7=14  3*7=21  4*7=28  5*7=35  6*7=42  7*7=49
1*8=8  2*8=16  3*8=24  4*8=32  5*8=40  6*8=48  7*8=56  8*8=64
1*9=9  2*9=18  3*9=27  4*9=36  5*9=45  6*9=54  7*9=63  8*9=72  9*9=81
```

提示：设变量 i 表示行，变量 j 表示列，每个式子与其所在行、列有关，用嵌套循环实现。

7.（难度★★）调试运行下面的程序，理解循环语句的执行过程。

```c
# include <stdio.h>
int main(void)
{
    int i= 1,sum= 0;
    while(i< = 100)
    {
        sum= sum+ i;
        i+ + ;
    }
    printf("% d\n",sum);
    return 0;
}
```

具体要求：

(1)分析上述程序的功能，上机输入源程序并调试运行。

(2)分析循环体执行了多少次？循环结束后，i 的值是多少？

(3)分别用 do-while 和 for 语句改写上述程序。

(4)修改程序：求 1～100 的奇数和。

(5)修改程序：输入一个正整数 n，求 1～n 以内的奇数和。

(6)修改程序：输入一个正整数 n，求 n!。（思考：阶乘值会随 n 值的增加而急剧增大，很快就超出 int 类型所能表示的范围，此时该如何处理？可用 n＝15 作为其中一个测试数据，检验程序的正确性，15! ＝1307674368000。）

(7)尝试：输入一批正整数（正整数个数未知，以零或负数为结束标志），求其中的奇数和。（思考：循环的各个要素该如何设置？）

(8)尝试：输入一个正整数 n，计算公式 $1+\sqrt{2}+\sqrt{3}+\cdots+\sqrt{n}$ 的值（保留 2 位小数）。

8.（难度★★）如果一个数的所有因子之和与它本身相等（因子包括 1 但不包括自身），则该数为完数。例如，28 的因子有 1、2、4、7、14，而 28＝1＋2＋4＋7＋14，所以 28 是完数。编写程序，输出 1～10000 的所有完数。

提示：

(1)采用穷举法找出完数。对 1～10000 的所有整数进行检验，如果某数满足完数条件，则输出该数，否则不输出。用二重循环实现，外层循环逐个取 1～10000 的数，内层循环计算从外层循环取出的数的因子之和。

(2)程序运行结果示例如下：

1～10000 的所有完数：6   28   496   8128

9.（难度★★）将 100 元人民币兑换成 1 元、5 元和 10 元的人民币（至少各一张），共有几种兑换方法？每种兑换方法中的纸币如何组合？

提示：

(1)这是一个组合问题，设 1 元、5 元和 10 元人民币的张数分别为 x、y、z，先分析 x、y、z 的取值范围，采用穷举法对各种组合逐个检验，只要满足条件（总金额为 100 元），则 x、y、z 的组合即为问题的其中一个解，可用三重循环实现。

注意：三重循环的循环次数很多，考虑分别控制 x、y、z 取值的三个循环，哪个为最外层，哪个为中间层，哪个为最内层，不同的安排循环次数也不一样，导致程序执行效率不同。

(2)思考：这里采用的三重循环是否可改为二重循环，从而提高程序执行效率？

10.（难度★★）某次健康调查中得到了一批高血压患者的年龄数据（年龄的大小用数表示，如 35 岁即 35）。在这些数据中小于 35 的数很少，当然没有负数。编写程序，分别统计并输出这批数据中大于 35 的数和不大于 35 的数分别所占的百分比。数据从键盘输入，以－1 结束输入。

提示：格式字符串"％％"表示输出一个"％"。
例如，输入对应语句 printf("%f％％\n",x＝20.5);，屏幕上将显示 20.500000％。

11.（难度★★）有一堆零件，其数量在 100 到 200 之间，如果以 4 个零件为一组进行分组，则多出 2 个零件；如果以 7 个零件为一组进行分组，则多出 3 个零件；如果以 9 个零件为一组进行分组，则多出 5 个零件。编写程序求这堆零件的数量。

提示：根据题意用逻辑表达式表示所求零件数应满足的条件，采用穷举法对 100 到

200之间的所有整数进行检验,如果某数满足逻辑表达式描述的条件,则该数就是零件的数量。

12.(难度★★)输入正整数 n,再由计算机随机产生 n 对 1~100 的整数,组成 n 道小学生加法口算算式并输出,每行显示 5 题,输出示例如下:

3+45=   86+37=   ······

提示:

(1)可用随机函数 rand( )产生随机数(调用该函数时,要在程序开头包含头文件 stdlib. h),由于 rand( )产生的是一个 0~32767 的随机整数,而题目要求随机数在 1~100,因此需要改变计算机生成的随机数的取值范围。

函数 rand( )可得到 0~32767 的随机整数,要得到 a~b 的随机整数可以用下面的计算式,即

```
[a,b]--- (int)(a+ (b- a)* (double)rand( )/RAND_MAX)
```

或者

```
[a,b]--- rand( )% (b- a+ 1)+ a
```

(2)如果只使用 rand( )函数产生随机数,仔细观察便发现每次运行程序产生的随机数都是同一个整数,原因在于每次执行程序时所产生的随机数序列都是一样的。可以用函数 srand( )初始化随机数序列来得到不同的随机数,在调用函数 rand( )之前,先调用函数 srand( )为函数 rand( )设置随机数种子来实现对函数 rand( )所产生的伪随机数的"随机化",语句如下。

```
srand((unsigned)time(NULL));
```

其中,函数 time( )返回以秒计算的当前时间值,该值被转换为无符号整数并用作随机数种子。调用函数 time( )时,要在程序开头包含头文件 time. h。

实验五　函数程序设计

一、实验目的

(1)掌握函数的定义和调用方法。

(2)理解函数间的参数传递过程,掌握通过参数在函数间传递数据的方法。

(3)掌握递归函数的设计方法。

(4)掌握模块化程序设计的思想及方法。

二、实验要求

(1)预习实验内容,复习相关知识点。

(2)对设计型实验先进行数据分析和功能分析,然后画出程序流程图,再编写程序并调试运行,按要求回答问题。

(3)实验结束后,总结程序存在的不足并思考改进方法,按要求完成实验报告。

三、实验原理

函数是 C 语言程序设计的基本单元。用自定义函数解决问题时,也要遵循"获取数据－处理数据－给出结果"的模式。

函数获取数据的方式有(但不限于)以下几种:

(1)键盘输入。

(2)赋值语句。

(3)访问全局变量。

(4)参数传递。

函数给出结果的方式有(但不限于)以下几种:

(1)屏幕输出。

(2)修改全局变量。

(3)返回值。

其他获取数据和给出结果的方式会在以后的实验中提到。

通过对函数"获取数据－处理数据－给出结果"的模式分析来确定函数的功能和接口,如图 5-1 所示。

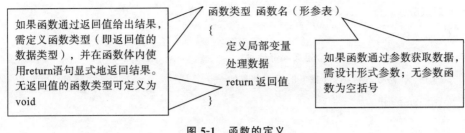

图 5-1　函数的定义

四、实验内容

1. 示例。

如果正整数 M 的因子(因子包括 1 但不包括其自身)之和为 N,而 N 的因子之和为 M,则 M 与 N 为一对亲密数。例如,6 的因子之和为 1+2+3=6,因此,6 与它自身构成一对亲密数;又如,220 的因子之和为 1+2+4+5+10+11+20+22+44+55+110=284,而 284 的因子之和为 1+2+4+71+142=220,因此,220 与 284 是一对亲密数。编写程序,要求输出 10000 以内的所有亲密数对。

要求:定义并调用函数 factorsum(n),该函数的功能是计算正整数 n 的所有因子之和。

下面将详细分析如何定义函数 factorsum(n)。

(1)函数数据分析。

需设置三个变量来存储数据,如表 5-1 所示。

表 5-1　factorsum( )函数的变量分析

变 量 名	类 型	用 途	获取方式	备 注
n	int	求 n 的因子之和	参数传入	
factor	int	枚举寻找 n 的因子	局部变量赋初值	1 是所有整数的因子,可从 2 开始循环
sum	int	存储因子之和	局部变量赋初值	1 是所有整数的因子,sum 的初值可为 1

(2)函数功能分析。

①获取数据:形参指定 n,类型为 int。

②处理数据:寻找 n 的因子,并累加到 sum。

③输出结果:返回因子和 sum 的值,类型为 int。

依据以上分析,可确定函数的接口和基本框架为

```
int factorsum(int n)
{
    int factor, sum;        //定义局部变量
    ……            //处理数据:寻找 n 的因子并累加
    return sum;
}
```

寻找数的因子的过程使用枚举法,factor 从 2 开始,依次递增,检查 factor 是否为 n 的因子,若是则累加到 sum。注意:若 factor 是 n 的因子,则 n/factor 一定也是 n 的因子,如果 n/factor 与 factor 不同就可以累加到 sum 中。于是 factor 只需从 2 遍历至 $\sqrt{n}$ 即可。循环五要素的分析如下:

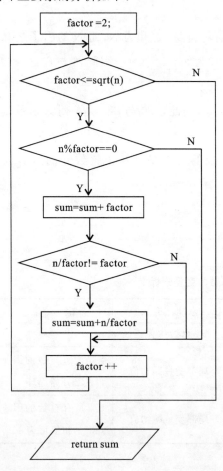

①初值:sum 为 1,factor 为 2;

②循环条件:factor<=sqrt(n);

③重复的工作:判断如果 factor 是 n 的因子,则将 factor 累加到 sum;如果 n/factor 不等于 factor,则将 n/factor 累加到 sum;

④改变循环控制变量:factor++;

⑤循环会停止吗? factor 的初值为 2,每次累加后改变循环控制变量使 factor 的值增加,进行若干次循环后会使循环条件"factor<=sqrt(n)"为假,从而停止循环。

函数 factorsum( )的局部程序流程图如图 5-2 所示。

请读者根据上述分析按下列要求完成程序设计。

①根据图 5-2 中函数 factorsum( )的局部程序流程图,将函数 factorsum( )的实现过程补充完整,完成函数的定义。

②编写一个主函数,调用(1)中的函数 factorsum( ),寻找并输出 10000 以内的所有亲密数对。

图 5-2 函数 factorsum( )的局部程序流程图

③在输出每对亲密数时,要求小数在前、大数在后,并去掉重复的亲密数对。例如,220 与 284 是一对亲密数,而 284 与 220 也是一对亲密数,此时只输出 220 与 284 这对亲密数。

④输出要包含文字说明,每一对亲密数独占一行。程序运行结果示例如下:

220 与 284 是一对亲密数

1184 与 1210 是一对亲密数

2620 与 2924 是一对亲密数

5020 与 5564 是一对亲密数

6232 与 6368 是一对亲密数

2.(难度★)从键盘输入一批正整数(正整数个数未知,以零或负数为结束标志),求其中的偶数之和。要求定义并调用函数 even(n),该函数的功能是判断正整数 n 的奇偶性,若 n 为偶数则返回 1,否则返回 0。

3.(难度★)参看实验四中实验内容 2,编写一个自定义函数来判断一个年份是否为闰年,若该年份是闰年则返回 1,否则返回 0。在主函数中调用该函数,输出两个年份 m 和 n 之间的所有闰年。

4.(难度★★)参考本章示例和实验四中实验内容 8,编写一个自定义函数来判断一个整数是否为完数,若是完数则返回 1,否则返回 0。在主函数中调用该函数,输出 1～10000 之间的所有完数。

5.(难度★★)一个三位数恰好等于其各位数字的立方之和,这个数称为水仙花数,如 $371=3^3+7^3+1^3$。编程输出所有的水仙花数。

具体要求:

(1)定义并调用函数 f lower(n),该函数的功能是判断整数 n 是否为水仙花数,若 n 是水仙花数则返回 1,否则返回 0。

(2)输出要有提示信息,程序运行结果示例如下:

三位数的水仙花数:153　370　371　407

(3)思考:如果水仙花数是指一个 m 位正整数,它的各位数字的 m 次幂之和等于它本身。要求输入一个正整数 m(3≤m≤7),输出所有的 m 位水仙花数。需要如何修改程序?

提示:

(1)采用穷举法找出水仙花数。例如,输入的 m 值为 4 时,对 1000～9999 的所有整数进行检验,如果该数的各位数字的四次方之和等于它本身,即满足水仙花数条件,则输出该数,否则不输出。

(2)分离整数 n 的各位数的方法:若要提取个位数,用 n%10,若要提取十位数,用 n/10%10;若要提取百位数,用 n/100%10,依此类推。当然,要得到整数 n 各位上的数字,还可以用其他方法,请读者进行思考。

6.(难度★★)从键盘输入两个正整数 m 和 n,求其最大公约数和最小公倍数。要求编写自定义函数 GCD( )和 LCM( ),函数 GCD( )用来计算两个正整数的最大公约数,函数 LCM( )用来计算两个正整数的最小公倍数,在主函数中调用这两个函数,计算并输出 m 和 n 的最大公约数和最小公倍数。

提示:

(1)采用穷举法找出最大公约数。由于 m 和 n 的最大公约数不可能大于 m 和 n 中的较小者,因此,先找到 m 和 n 中的较小者 t,然后从 t 开始逐次减 1 进行检验,即检验 t 到 1 之间的所有整数,第一个能整除 m 和 n 的数就是 m 和 n 的最大公约数。请读者思考在 m 与 n 互质和非互质两种情况下结束循环的条件。

说明:求最大公约数除了这里提到的方法外,还有欧几里德算法(也称辗转相除法)等,请读者查阅相关资料进行算法设计。

(2)采用穷举法找出最小公倍数。先找到 m 和 n 中的较大者 t,然后从 t 开始逐次加 1 进行检验,即检验 t 到 m×n 之间的所有整数,第一个能被 m 和 n 整除的数就是 m 和 n 的最小公倍数。请读者思考,循环步长要为多少才能取得较高的执行效率?

7.(难度★★★)计算 1!+2!+3!+…+n!,其中 n 的值由键盘输入。要求分别采用如下三种方法实现:

(1)用嵌套循环实现。
(2)定义并调用非递归函数 fact1(n),该函数的功能是计算 n! 并返回结果。
(3)定义并调用递归函数 fact2(n),该函数的功能是计算 n! 并返回结果。
注意:编写递归函数时必须有递归出口(结束递归调用过程的条件)。

8.(难度★★★)编写一个递归函数计算 x^n 的值,在主函数中输入实数 x 和正整数 n,调用该函数计算并输出 x^n 的值。

实验六　　一维数组程序设计

一、实验目的

(1)掌握一维数组的定义和引用方法。

(2)掌握一维数组的初始化和输入、输出的方法。

(3)掌握利用一维数组实现一些常用算法的基本技巧,如排序、查找、求最大值和最小值等。

(4)掌握一维数组作为函数参数的程序设计方法。

(5)能运用一维数组解决实际应用中的一些问题。

二、实验要求

(1)预习实验内容,复习相关知识点。

(2)对设计型实验先进行数据分析和功能分析,然后画出程序流程图,再编写程序并调试运行,按要求回答问题。

(3)实验结束后,总结程序存在的不足并思考改进方法,并按要求完成实验报告。

三、实验原理

使用一维数组编程时,应注意以下几点:

(1)由于数组名代表数组的首地址,因此不能整体引用一个数组,只能以数组名带下标的方式引用数组元素。

(2)引用一维数组的元素需要指定一个下标,下标取值范围为 0～(数组长度－1)。使用数组编写程序时,要确保元素的正确引用,避免下标越界。

(3)如果要对一维数组进行输入、输出等操作,将数组的下标作为循环变量,通过循环就可以访问一维数组中的元素。对一维数组元素进行处理的一般模式如下:

```
for( i= 0; i< n; i+ + )     // i 为数组元素的下标,n 为数组长度
{
    //对数组元素 a[i]进行处理
}
```

(4)一维数组作为函数形参时,数组名后面的方括号内可以省略数组长度,通常用另一个整型形参来指定数组长度。

例如:

```
void Input(intx[], int n)      /*  形参 x 用来接收一个数组,形参 n 用来
{                                           接收这个数组长度 */
```

⋮

}

(5)如果要把一个一维数组传递给一个函数,用数组名作为函数实参即可,即将数组的首地址传给被调函数。

注意:将数组的首地址传给被调函数后,形参与实参数组具有相同的首地址但实际上占用的是同一段存储单元。因此,在被调函数中修改形参数组元素值时,实际上是在修改实参数组中的元素值。

例如:`Input(a,10);`

说明:数组名 a 作为实参调用上面(4)中的函数 Input( ),a 的首地址复制给形参 x,a 和 x 共享同一段存储单元。如果在函数 Input( )执行过程中改变数组 x 的元素值,等同于改变数组 a 的元素值。

四、实验内容

1. 示例。

编程实现:从键盘输入 10 个整数,存入数组 a 中,再将数组 a 中的这 10 个数逆序存放,最后输出调整后的数组。例如:

原数组元素为:4　8　3　10　5　2　7　6　9　12

逆序后的数组元素为:12　9　6　7　2　5　10　3　8　4

具体要求:

(1)输入、输出要有提示信息,对程序中的主要变量和语句用注释形式加以说明。

(2)自定义一个函数 Input( ),其功能是输入数组元素。

(3)自定义一个函数 Output( ),其功能是输出数组元素。

(4)自定义一个函数 Inverse( ),其功能是将数组中的元素逆序存放。

(5)在主函数中调用(2)、(3)、(4)中的自定义函数。

按照以下步骤完成程序的编写、调试与运行。

实现步骤:

(1)在主函数中定义一个一维数组 a[10],用来存储输入的 10 个整数。程序框架为

```
# include <stdio.h>
  ①    //定义函数 Input()
  ②   /   定义函数 Output()
  ③    //定义函数 Inverse()
int main(void)
{
    int a[10]; //存储输入的 10 个整数

    ④    //调用函数 Input(),输入数组元素
    printf("原数组元素为:");
```

　　⑤　　　//调用函数 Output( ),输出原数组元素
　　⑥　　　//调用函数 Inverse( ),将数组中的元素逆序
printf("逆序后的数组元素为:");
　　⑦　　　//调用函数 Output( ),输出逆序后的数组元素
return 0;
}

　　(2)在程序中的编号①处定义函数 void Input(int x[ ], int n),实现的功能是输入 n个整数,存入数组 x 中。参考代码如下:

```
v oid Input(int x[ ], int n)
{
    int i;   //记录数组元素的下标
    printf("请输入% d个整数:\n", n);
    for(i= 0; i< n; i+ + )     //逐个输入数据
        scanf("% d", &x[i]);
}
```

在主函数中的编号④处调用函数 Input(),调用语句为"Input(a,10);"。

　　说明:在主函数中调用函数 Input( )时,将实参数组 a 的首地址和整型常量的值传给了函数对应的形参,于是形参数组 x 和实参数组 a 占用了内存中的同一段存储单元。因此,在被调函数 Input( )中输入的 n(n 值为 10)个整数实际上存入了主函数中的数组 a 中。

　　(3)在程序中的编号②处定义函数 void Output(int x[ ], int n),实现的功能是输出数组 x 的 n 个元素值。然后在主函数中的编号⑤处调用该函数。请读者参考(2)中的代码自行完成。

　　(4)在程序中的编号③处定义函数 void Inverse(int x[ ], int n),实现的功能是将数组 x 中的 n 个元素逆序。然后在主函数中的编号⑥处调用该函数。请读者根据下面的分析自行完成。

　　逆序算法分析:

　　假设数组 a 中有 10 个元素,逆序前和逆序后数组存储的数据如图 6-1 所示,观察数组中的元素值逆序前和逆序后的变化,找出规律从而得到实现逆序存放的方法。

(a)逆序前

(b)逆序后

图 6-1　数组逆序前和逆序后的存储状态

根据图 6-1 可得,要将数组 a 中的 n 个元素逆序,可以将第一个元素与最后一个元素

交换,第二个元素与倒数第二个元素交换……依此类推,直到数组的中间元素为止。用变量 i 和 j 分别表示待交换的两个元素的下标,i 的初始值为 0(第一个元素的下标),j 的初始值为 n−1(最后一个元素的下标),a[i]和 a[j]交换值后,i 增加 1,j 减少 1,当 i<j 时重复上述交换过程。

根据以上分析,用程序流程图描述的逆序算法如图 6-2 所示。

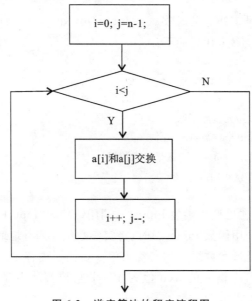

图 6-2 逆序算法的程序流程图

2.(难度★)从键盘输入一个十进制正整数,将其转换成二进制形式,并输出结果。

具体要求:
(1)输入、输出要有提示信息,程序运行结果示例如下:
请输入一个十进制正整数:168
该数对应的二进制形式为:10101000
(2)分别输入不同的十进制正整数,对程序进行测试。
(3)修改程序,将一个十进制正整数转换成八进制形式。
提示:
(1)十进制转换成二进制采用除以 2 取余法。计算方法是将十进制数除以 2,得到一个商数和一个余数 a_1;再将商数除以 2,又得到一个商数和一个余数 a_2;重复以上过程,直到商数为 0。把每次得到的余数(必定是 0 或 1)倒序,$a_n a_{n-1} \cdots a_2 a_1$ 就是对应的二进制数,即第一次得到的余数为二进制数的最低位,最后一次得到的余数为二进制数的最高位。
(2)用一维数组将每次计算得到的余数先存起来,当商为 0 时再倒序输出所有余数。

3.(难度★★)将一个十进制正整数转换成十六进制形式。

提示:

(1)十进制转换成十六进制的方法采用除以 16 取余法,参看本章实验内容中第 2 题中的提示。需要注意的是,十进制数除以 16 取余得到的数为 0~15,而十六进制数由 0~9、a~f 或 A~F 构成,即余数为 10~15 用 a~f 或 A~F 表示。

(2)用一维字符数组存储余数,对除以 16 取余得到的整数进行处理后再存储到字符数组中。

4.(难度★★★)由计算机随机产生 10 个 0~100 的整数存入数组 a 中,并将这些数从小到大进行排序,然后输入一个整数 x,在数组 a 中查找 x,若找到则输出相应的下标,否则输出"未找到"。

具体要求:
(1)用选择排序法或冒泡排序法进行排序。
(2)用顺序查找法或折半查找法进行查找。
(3)如果要删除查找到的元素值,需要如何修改程序?
提示:
(1)顺序查找法是对数组元素从头到尾进行遍历的方法,如果数组元素很多,则查找效率低。当数组元素有序时,折半查找法比顺序查找法的速度要快得多。折半查找法的基本思想为:首先选取位于数组中间的元素,将其与待查数据进行比较,如果相等则说明找到了,否则,就将查找区间缩小为原来区间的一半,即在一半的数组元素中查找。本题中,将数组元素按升序排序后可用折半查找法查找数 x,如果 x 小于数组的中间元素值,则在前一半数组元素中继续查找,否则在后一半数组元素中继续查找。
(2)删除数组中的某个元素:假设待删除的元素所在位置是 k(下标),则将下标位置为 k+1 至 n−1 的元素逐个向前移动一个位置,数组元素个数 n 减 1。

5.(难度★★★)从键盘输入一个正整数 n(3≤n≤10),再输入 n 个整数,存入数组 a 中,要求输入的数保持从小到大的顺序。然后输入一个整数 x,将 x 插入到数组中,同时保持数组仍然是从小到大的顺序。

提示:先找到 x 应插入的位置 k(下标),然后将下标位置 k 至 n−1 的元素逐个向后移动一个位置,腾出空间,再将 x 存入 a[k]中,数组元素个数 n 加 1。
注意:
(1)数组 a 应定义的足够大,以便能存放插入 x 后的所有数据。
(2)移动元素时要注意先后顺序。
思考:如果要插入一批整数,该如何实现?

6.(难度★★★)课堂教学评价是促进教师专业发展和提高课堂教学质量的重要方法,为了促进教师教学技能和水平的进一步提高,学期课程结束后,学校会让学生对课程进行打分评价。假设有 60 个学生给某门课的授课教师评分,分数划分为 1~5 这 5 个等级（1 表示最低分,5 表示最高分）,试统计评分结果,并用星号"*"打印出如下形式的统计结果直方图。

```
Grade  Count  Histogram
  1      5     * * * * *
  2      9     * * * * * * * * *
  3      7     * * * * * * *
  ⋮
```

提示:

(1)用一个整型数组 count 保存各分值出现的次数,数组下标对应分值,在该题中不用 count[0],count[1]~count[5]分别存储 5 个分值出现的次数,即 count[i]代表分值 i 出现的次数,当某一个学生为教师评分为 i 时,执行 count[i]++即可。

(2)打印统计结果直方图:根据数组 count 中每个元素的值,打印出每个分值对应个数的符号"*"。

(3)对程序进行测试时,可由计算机随机产生 60 个 1~5 之间的整数,代替手工输入数据。

7.(难度★★★★)某班最多有 60 人(具体人数 n 由键盘输入)参加 C 语言程序设计课程的考试,用一维数组编程实现以下功能。

(1)输入学生的考试成绩。
(2)输出学生的考试成绩。
(3)计算平均分。
(4)输出最高分和最低分。
(5)统计不及格人数并计算及格率。
(6)按成绩从高到低排序。

具体要求:

(1)每个功能为一个独立的函数。
(2)输入、输出要有提示信息。
(3)对程序中的主要变量和语句用注释形式加以说明。
(4)尝试做一个菜单供用户选择,接收用户的输入选项,然后根据用户输入的选项执行相应的操作。用户可以多次选择执行不同的功能,直到选择"退出"才终止程序的运行。示例如下:

```
* * * * * * * * * * * * * * * * * * * * * * * * * * * * * * * * * * * * * *
  1.输入学生的考试成绩
  2.输出学生的考试成绩
  3.计算平均分
  4.输出最高分和最低分
  5.统计不及格人数并计算及格率
  6.按成绩从高到低排序
```

　0.退出

* *

请选择：

提示：

(1)数组长度用宏定义，以便修改其值：

define MAX 60 　　//最多的学生人数

主函数中定义的主要变量：

　　int score[MAX]; 　　//存储学生的考试成绩

　　int n; 　　　　　　　//学生人数

(2)在主函数中调用下列自定义函数。函数接口设计和功能描述如表 6-1 所示。

表 6-1　自定义函数的接口设计和功能描述

函 数 原 型	功　　能
void input(int score[], int n)	输入 n 个学生的考试成绩
void output(int score[],int n)	输出 n 个学生的考试成绩
void average(int score[],int n)	计算平均分
void max_min(int score[],int n)	输出最高分和最低分
void count(int score[],int n)	统计不及格人数并计算及格率
void sort(int score[],int n)	按成绩从高到低排序(排序方法有选择排序法、冒泡排序法等,选择其一即可)

(3)对程序进行测试时，需要多次输入 n 个数据，可由计算机随机产生 n 个 0～100 的整数，代替手工输入数据。

(4)如果输入学生的考试成绩的同时输入学生的学号，并且将学生的学号和考试成绩一同输出，需要如何修改程序？ 可增加一个一维数组 num，用来存储学生的学号，即学生的学号和考试成绩分别存放在数组 num 和数组 score 中。两个数组中下标相同的元素存储的是同一个学生的信息，比如，num[i]和 score[i]存储第 i+1 个学生的学号和考试成绩（数组下标从 0 开始）。

(5)思考：如果学生人数是未知的，当输入的考试成绩为负值时，表示输入结束，此时该如何修改程序？

实验七 二维数组程序设计

一、实验目的

(1)掌握二维数组的定义和引用方法。

(2)掌握二维数组的初始化和输入、输出的方法。

(3)理解二维数组元素在内存空间的存储顺序。

(4)掌握利用二维数组实现一些常用算法的基本技巧,如排序、查找、求最大值和最小值等。

(5)掌握二维数组作为函数参数的程序设计方法。

(6)能运用二维数组解决实际应用中的一些问题。

二、实验要求

(1)预习实验内容,复习相关知识点。

(2)对设计型实验先进行数据分析和功能分析,然后画出程序流程图,再编写程序并调试运行,按要求回答问题。

(3)实验结束后,总结程序存在的不足并思考改进方法,并按要求完成实验报告。

三、实验原理

使用二维数组编程时,需要注意以下几点:

(1)由于数组名代表数组的首地址,因此不能整体引用一个数组,只能以数组名带下标的方式引用该数组元素。

(2)引用二维数组的元素需要指定两个下标,即行下标和列下标。行下标的取值范围是0~(行长度-1),列下标的取值范围是0~(列长度-1)。注意下标不要越界!

(3)如果要对二维数组进行输入、输出等操作,需要使用二重循环,外层循环控制行下标的变化,内层循环控制列下标的变化,就可以访问二维数组中的元素。对二维数组元素进行处理的一般模式如下。

```
for( i= 0; i< m; i+ + )      // i为数组元素的行下标,m为数组的行长度
{
    for( j= 0; j< n; j+ + )   // j为数组元素的列下标,n为数组的列长度
    {
        //对数组元素 a[i][j]进行处理
    }
}
```

（4）当二维数组作为函数形参时，可以省略行长度，但不能省略列长度，且两个方括号不能省略。

例如：void InputMatrix(int x[][6], int m)

```
{
    ⋮
}
```

（5）如果要把一个二维数组传递给一个函数，将数组名作为函数实参即可，即将数组的首地址传给被调函数。

注意：将数组的首地址传给被调函数后，形参与实参数组具有相同的首地址但实际上占用的是同一段存储单元，因此，在被调函数中修改形参数组元素值时，实际上是在修改实参数组中的元素值。

例如：InputMatrix(a,4);

说明：数组名 a 作为实参调用上面（4）中的函数 InputMatrix( )，a 的首地址复制给形参 x，a 和 x 共享同一段存储单元；如果在函数 InputMatrix( )执行过程中改变数组 x 的元素值，等同于改变数组 a 的元素值。

四、实验内容

1．示例。

编程判断是否为下三角矩阵。从键盘输入一个正整数 n(3≤n≤6)，再输入 n 阶(n×n)方阵 a 中的元素（均为整数），如果 a 是下三角矩阵，输出"是下三角矩阵"，否则输出"不是下三角矩阵"。下三角矩阵即主对角线以上（不包括主对角线）的元素都为 0 的矩阵，主对角线为从矩阵的左上角至右下角的连线。

具体要求：

（1）输入、输出要有提示信息，对程序中的主要变量和语句用注释形式加以说明。程序运行结果示例如下：

请输入方阵的阶数 n(3≤n≤6):4

请输入 4 阶方阵的元素：

1 0 0 0

2 2 0 0

3 3 3 0

4 4 4 4

您输入的 4 阶方阵为：

1 0 0 0

2 2 0 0

3 3 3 0

4 4 4 4

是下三角矩阵

（2）自定义一个函数 InputMatrix( )，其功能是输入方阵元素。

（3）自定义一个函数 OutputMatrix( )，其功能是输出方阵元素。

（4）自定义一个函数 IsLowerTriMatrix( )，其功能是判断方阵是否为下三角矩阵，如果是则返回 1，否则返回 0。

（5）在主函数中调用（2）、（3）、（4）中的自定义函数。

请按照以下步骤完成程序的编写、调试并运行。

实现步骤：

（1）由于 n≤6，取其上限，在主函数中定义一个二维数组 a[6][6]，用来存储矩阵的元素值。

程序框架为

```
# include <stdio.h>
   ①     //定义函数 InputMatrix()
   ②     //定义函数 OutputMatrix()
   ③     //定义函数 IsLowerTriMatrix()
int main(void)
{
    int a[6][6], n, k;   //变量 n 存储方阵的阶数
                //变量 k 存储函数 IsLowerTriMatrix()的返回值
    printf("请输入方阵的阶数 n(3≤n≤6)):");
    scanf("% d",&n);
       ④     //调用函数 InputMatrix()，输入 n 阶方阵的元素 printf("您输入的% d 阶方阵
为:\n",n);
       ⑤     //调用函数 OutputMatrix()，输出 n 阶方阵的元素
       ⑥     /* 调用函数 IsLowerTriMatrix()，判断 n 阶方阵是否为下三角矩阵* /
       ⑦     /* 用 if- else 语句根据函数 IsLowerTriMatrix()的返回值输出"是下三角矩
阵"或者"不是下三角矩阵"* /
    return 0;
}
```

（2）在程序中的编号①处定义函数 void InputMatrix(int x[][6], int m)，实现的功能是输入 m 阶方阵的元素，存入二维数组 x 中。参考代码如下：

```
void InputMatrix(int x[][6], int m)
{
    int i,j;     //变量 i 和 j 分别记录二维数组中元素的行下标和列下标
    printf("请输入% d 阶方阵的元素:\n", m);
    for(i= 0; i< m; i+ + )     //逐个数据输入
    {
        for(j= 0;j< m; j+ + )
        {
            scanf("% d", &x[i][j]);
```

```
        }
    }
}
```

在主函数中的编号④处调用该函数,调用语句为 InputMatrix(a,n);。

说明:在主函数中调用函数 InputMatrix( )时,将实参数组 a 的首地址和实参 n 的值传给了函数对应的形参,于是形参数组 x 和实参数组 a 占用内存空间中的同一段存储单元。因此,在被调函数 InputMatrix( )中输入的 m(即 n 的值)阶方阵的元素实际上是存入主函数中的二维数组 a 中。

(3)在程序中的编号②处定义函数 void OutputMatrix(int x[][6], int m),实现的功能是输出 m 阶方阵的元素。然后在主函数中的编号⑤处调用该函数。请读者参考(2)中的代码自行完成。

注意:定义二维数组 a 时,指定的行长度和列长度都为 6,但是方阵的阶数 n 不一定为 6,所以用二维数组 a 存储 n 阶方阵时,可能数组中的元素没有全部用来存储方阵中的元素值,因此,对方阵中的元素进行输入、输出和判断等操作时,要注意方阵元素在数组中对应的行下标和列下标的范围。

(4)在程序中的编号③处定义函数 int IsLowerTriMatrix(int x[][6], int m),实现的功能是判断 m 阶方阵 x 是否为下三角矩阵,如果是则返回 1,否则返回 0。然后在主函数中的编号⑥处调用该函数并将函数返回值赋给变量 k。请读者根据下面的分析自行完成。

判断下三角矩阵算法分析:

假设用户输入的 4 阶方阵为:

```
1 0 0 0
2 2 0 0
3 3 3 0
4 4 4 4
```

则该方阵元素存入二维数组 a 后,数组中的元素值如图 7-1 所示。

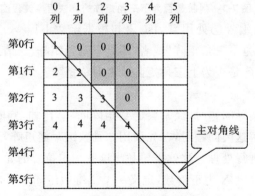

图 7-1　二维数组 a 的逻辑存储结构

根据下三角矩阵的定义可知,主对角线以上(不包括主对角线)的元素全都为 0,该矩阵为下三角矩阵。用变量 i 和 j 分别表示二维数组中元素的行下标和列下标,主对角线以上(不包括主对角线)的元素行下标 i 和列下标 j 都满足条件 i<j,然后逐个判断 a[i][j](i<j)的值是否为 0,当全部为 0 时,该矩阵为下三角矩阵,否则不是下三角矩阵。

根据以上分析,用程序流程图描述的算法如图 7-2 所示。

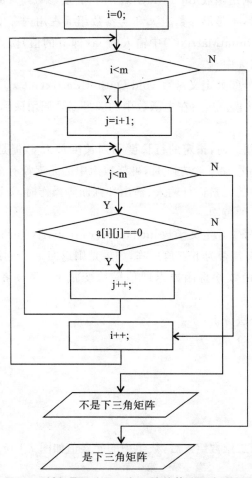

图 7-2　判断是否为下三角矩阵的算法程序流程图

(5)在主函数中的编号⑦处用 if-else 语句根据函数 IsLowerTriMatrix( )的返回值(即变量 k 的值)输出"是下三角矩阵"或者"不是下三角矩阵"。请读者自行完成。

思考:判断一个矩阵是否为上三角矩阵或者对称矩阵?

总结:

用二维数组解决实际问题时,经常会遇到矩阵问题,比如,判断特殊矩阵、矩阵转置、进行矩阵运算等。求解这类问题时,首先要用二维数组存储矩阵元素值,然后提取矩阵中几个指定位置的元素进行处理。这就需要找出这些指定位置的元素在二维数组中行下标和列下标的变化规律。设 N 为正整数,定义一个二维数组 a[N][N],用来存储 N×N 的矩阵,则矩阵中特定位置的元素在二维数组中对应的行下标 i、列下标 j 的变化规律如表 7-1 所示。

表 7-1　矩阵中特定位置元素在二维数组中的下标规律

矩阵中特定位置元素	行下标 i 和列下标 j 的规律
主对角线 (从矩阵的左上角至右下角的连线)	$i==j$
副对角线 (从矩阵的右上角至左下角的连线)	$i+j==N-1$
上三角 (主对角线以上的部分,包括主对角线)	$i<=j$
下三角 (主对角线以下的部分,包括主对角线)	$i>=j$
某一行	i 不变,j 变化
某一列	i 变化,j 不变

2.(难度★)矩阵转置。

从键盘输入一个 4×4 的矩阵,将该矩阵转置(行列互换)后输出。例如:

$$
\begin{array}{cc}
\text{转置前} & \text{转置后} \\
\begin{bmatrix} 1 & 2 & 3 & 4 \\ 5 & 6 & 7 & 8 \\ 9 & 10 & 11 & 12 \\ 13 & 14 & 15 & 16 \end{bmatrix} \Rightarrow & \begin{bmatrix} 1 & 5 & 9 & 13 \\ 2 & 6 & 10 & 14 \\ 3 & 7 & 11 & 15 \\ 4 & 8 & 12 & 16 \end{bmatrix}
\end{array}
$$

提示:用二维数组来存储矩阵元素,找出每个元素转置前和转置后的下标变化规律。

3.(难度★★)编写程序,从键盘输入一个正整数 $n(3\leqslant n\leqslant6)$,再输入 n 阶方阵中的元素,要求实现以下功能:

(1)求各行元素之和,并输出结果。
(2)求每一行元素的最大值,并输出结果。
(3)求每一列元素的最小值,并输出结果。
(4)分别求两条对角线上的各元素之和,输出结果。

提示:用二维数组存储矩阵元素,找出每行、每列、对角线上元素的下标规律,参看本章"1.示例"总结。

4.(难度★★)编写程序,由计算机随机产生 25 个 $1\sim20$ 的整数存入 5 行 5 列的二维数组中,要求实现以下功能:

(1)计算两条对角线上行下标、列下标均为偶数的各元素之积。

(2)求两条对角线上元素的最大值及其所在下标位置。

(3)任意输入一个正整数 k,输出数组中与 k 大小相差超过 5 的所有元素及下标位置。

提示:找出满足上述条件的元素的下标规律,参看本章"1.示例"总结。

5.(难度★★)检验并打印魔方矩阵。

魔方矩阵,即具有相同的行数和列数,每个元素各不相同,且每一行、每一列、两条对角线上的元素之和都相等。例如,下面的 5×5 矩阵就是一个魔方矩阵。编写程序,从键盘输入一个正整数 n(3≤n≤6),再输入 n×n 矩阵中的元素(均为整数且值各不相同),然后检验该矩阵是否为魔方矩阵,并将其按如下格式显示到屏幕上。

```
15  8   1  24  17
16  14  7   5  23
22  20  13  6   4
3   21  19  12  10
9   2   25  18  11
```

6.(难度★★★)编程打印杨辉三角形(行数 n 由键盘输入,且 1≤n≤10)。

具体要求:

(1)输入、输出要有提示信息,程序运行结果示例如下:

请输入要打印的杨辉三角形的行数 n(1≤n≤10):6

杨辉三角形的前 6 行为:

```
1
1  1
1  2  1
1  3  3  1
1  4  6  4  1
1  5  10  10  5  1
```

(2)自定义函数 YHTriangle( )和 PrintYHTriangle( ),在主函数中调用这两个函数。其中,函数 YHTriangle( )的功能是计算杨辉三角形中各元素的值,函数 PrintYHTriangle( )的功能是输出要打印的杨辉三角形。

提示:

(1)用二维数组储存杨辉三角形中的数据,这些数据的特点是第 0 列全为 1,主对角线上的元素全为 1,其余的下三角元素值为自身上方元素和左上方元素之和。

(2)思考:如果要打印等腰杨辉三角形,该如何实现?

7.(难度★★★)从键盘输入 2 个正整数 m 和 n(3≤m≤6,3≤n≤6),再输入 m×n 矩阵中的元素,找出该矩阵中的所有鞍点。鞍点的元素值在该行上最大且在该列中最小。

具体要求:

(1)输入输出要有提示信息,如果找到鞍点,则输出鞍点的信息(行下标,列下标,元素值),否则,输出"没有鞍点"。

(2)对程序进行测试时,要针对无鞍点、只有一个鞍点和有多个鞍点这 3 种情况,设计 3 个测试用例,观察运行结果是否正确。

提示:

(1)用二维数组存储矩阵元素,从二维数组的第 0 行开始,到最后一行为止,逐行进行以下操作:找出该行上值最大的元素 p(可能存在多个重复值),记下其位置(行下标,列下标),然后对每一个 p 检验其是否为所在列的最小值,如果该列上存在比 p 更小的数,则说明该元素位置不是鞍点;否则该元素位置是鞍点,输出该鞍点的行下标、列下标和元素值。

(2)定义一个标志变量 flag,用来标记矩阵是否有鞍点。首先将 flag 初始化为 0,一旦找到鞍点,就将 flag 置为 1,如果 flag 的值始终为 0,则说明矩阵没有鞍点。

8.(难度★★★)某班至多有 60 名学生(具体人数 n 由键盘输入)参加期末考试,考试科目为程序设计、英语和数学,用二维数组编程实现以下功能。

(1)输入学生的各科考试成绩。
(2)计算每个学生的平均分。
(3)输出学生的各科考试成绩和个人平均分。
提示:
(1)数组长度用宏定义,以便修改其值:

```
# define STU 60      //最多的学生人数
# define COURSE 3      //考试科目数
```
主函数中定义的主要变量:
```
int score[STU][COURSE];    //存储每个学生的 3 门课程成绩
float aver[STU];    //存储每个学生的平均分
int n;              //学生人数
```
数组 score 中每行元素分别存储一个学生的 3 门课程成绩,比如 score[i][0]、score[i][1]和 score[i][2]分别存储第 i+1 个学生的程序设计课、英语课和数学课成绩。而该学生的平均分则存放在另一个数组 aver 的元素 aver[i]中,如表 7-2 所示。

表 7-2　学生成绩的存储

	程序设计	英语	数学	平均分
第 1 个学生	score[0][0]	score[0][1]	score[0][2]	aver[0]
第 2 个学生	score[1][0]	score[1][1]	score[1][2]	aver[1]
⋮	⋮	⋮	⋮	⋮
第 n 个学生	score[n−1][0]	score[n−1][1]	score[n−1][2]	aver[n−1]

（2）在主函数中调用下列自定义函数。函数接口设计和功能描述如表 7-3 所示。

表 7-3　自定义函数的接口设计和功能描述

函 数 原 型	功　　能
void input(int score[][COURSE], int n)	输入 n 个学生的 3 门课程成绩
void averforstu(int score[][COURSE], float aver[],int n)	计算每个学生的平均分
void output(int score[][COURSE], float aver[],int n)	输出 n 个学生的 3 门课程成绩和个人平均分

（3）对程序进行测试时，需要多次输入大量数据，可由计算机随机产生 0～100 的整数，代替手工输入数据。

（4）如果要计算每门课程的平均分，需要如何修改程序？（提示：定义一个一维数组 averC，用来存储每门课程的平均分。）

（5）如果输入学生成绩的同时输入学生的学号，并且将学生的学号和成绩一同输出，需要如何修改程序？可增加一个一维数组 num，用来存储学生的学号，即学生的学号、各门课程成绩和个人平均分分别存放在数组 num、数组 score 和数组 aver 中。

（6）思考：如果学生人数是未知的，当输入的学号为负值时，表示输入结束，这时该如何修改程序？

实验八 字符串程序设计

一、实验目的

（1）掌握字符串的存储方法，理解字符串和字符数组之间的关系。

（2）掌握字符串结束的标志及其在存储中的作用。

（3）掌握字符串的输入、输出方法。

（4）熟练使用 C 函数库中提供的一些常用的字符串处理函数，如字符串的复制、连接、比较等。

二、实验要求

（1）预习实验内容，复习相关知识点。

（2）对设计型实验先进行数据分析和功能分析，然后画出程序流程图，再编写程序并调试运行，按要求回答问题。

（3）实验结束后，总结程序存在的不足并思考改进方法，并按要求完成实验报告。

三、实验原理

字符串是用字符型一维数组存储，并在字符串后加一个结束符'\0'。所以对字符串进行处理的一般模式为

```
for(i= 0; s[i]! = '\0';i+ + )
{
    //对 s[i]进行处理
}
```

四、实验内容

1. 示例。

输入一串字符（少于 80 个字符）存储在字符数组里，统计并输出其中的小写元音字母个数（小写元音字母是 a、e、i、o、u）。

（1）程序数据分析。

需设置变量和数组存储数据，如表 8-1 所示。

表 8-1　统计小写元音字母的变量分析

变量/数组	类　型	用　　途	获 取 方 式	备　　注
s[80]	char	存储字符串	键盘输入	最多 80 个字符，包括结束符
cnt[5]	int	计数器，可以存储每个小写元音字母的个数	局部变量赋初值	定义时初始化为 0
m	int	循环控制	局部变量赋初值	

(2)程序功能分析。

①获取数据:键盘输入字符串。

②处理数据:从下标为 0 的首字符开始,至结束符'\0'停止,依次对各个字符进行判断,若为'a'则相应计数器 cnt[0]增 1,若为'b'则相应计数器 cnt[1]增 1,依此类推。

③给出结果:屏幕输出。

循环五要素的分析如下。

①初值:循环控制变量 m 为 0;

②循环条件:s[m]!='\0';

③重复的工作:判断 s[m]是否为小写元音字母并计数,可使用 switch 语句;

④改变循环控制变量:m++;

⑤循环会停止吗? 使用 gets( )或 scanf( )函数输入字符串,会自动在字符串末尾添加'\0',从而停止循环。

局部程序流程图如图 8-1 所示。

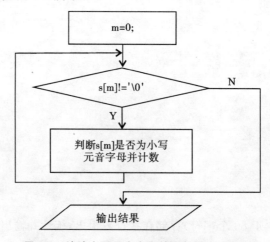

图 8-1　统计小写元音字母的局部程序流程图

具体要求:

(1)依据分析,请读者自行编写程序,并上机调试运行。

(2)输入、输出要有提示信息。

2.(难度★)从键盘输入一行字符(按回车键结束),输出其中的大写辅音字母。大写辅音字母是指除 A、E、I、O、U 以外的大写字母。

3.(难度★)统计字符。从键盘输入一字符串(按回车键结束),存入字符数组 a 中,分别统计数组 a 中英文字母、数字字符、空格和其他字符的个数,并输出结果。

4.(难度★)设定用户名和密码并验证。

设定:输入用户名和密码,键盘输入后,将每个字符加 2 后存入字符数组。

验证:提示输入用户名与密码,每个字符加 2 后与已设定的用户名和密码进行比较,如果输入正确,就会显示登录成功,否则提示输入错误。

5.(难度★★)输入某个身份证号码,提取出生年月日,计算其年龄并判断性别。身份证号码的各位含义如图 8-2 所示。

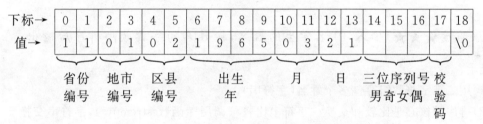

图 8-2　身份证号码在字符数组中的存储

提示:

(1)用字符数组存储身份证号,由于数组存储的是数字字符,需要经过处理后才能计算年龄。

(2)请读者思考如何判定序列号的奇偶性?

6.(难度★★)不调用库函数 strcat( ),编程实现字符串连接的功能,将字符串 srcStr 连接到字符串 dstStr 的尾部。

提示:先找到字符数组 dstStr 中存放字符串结束符'\0'的位置,再将字符数组 srcStr 中的字符依次复制到字符数组 dstStr 中。

注意:

(1)连接后的字符串必须有结束标志'\0'。

(2)字符数组 dstStr 应定义的足够大,以便能存放连接后的字符串。

7.（难度★★）编程实现：将字符数组中的字符串逆序存放。

提示：

（1）方法一：利用两个字符数组实现字符串的逆序存放。用数组 a 存储逆序前的字符串，用数组 b 存储逆序后的字符串。注意：数组 b 中存储的字符串必须有结束标志'\0'。

（2）方法二：利用一个字符数组实现字符串的逆序存放，即在原数组中将字符串进行逆序。借助一个中间变量 temp，将字符数组中首尾对称位置的元素（不包括结束符'0'）进行互换。请参看实验六中实验内容"1.示例"中的逆序算法分析。

8.（难度★★）阅读以下程序，分析预测程序的运行结果，然后上机运行验证。

```c
# include <stdio.h>
int main(void)
{
    char str[]= "I love China!";
    printf("% s\n", str);
    printf("% s\n", str+ 7);
    return 0;
}
```

9.（难度★★★）输入 10 名学生的姓名，按姓名的字典顺序排序后输出。

提示：

（1）用二维字符数组存储多个姓名（字符串）。

（2）排序的核心是比较和交换。字符串比较可调用库函数 strcmp( )，字符串交换要用中间变量 temp(temp 为一维字符数组)，字符串赋值可调用库函数 strcpy( )，调用上述两个库函数需要在程序开头包含头文件 string. h。

10.（难度★★★★）模拟常用字处理软件中的字符串查找和替换功能。

编程实现：将一行文本中的某个词用另一个词替换。例如，一行文本"I come from China,China is a country with a long history."，查找"China"，将其替换为"CHINA"，输出结果"I come from CHINA,CHINA is a country with a long history."。

实验九　指针程序设计

一、实验目的

(1)理解地址和指针的概念。

(2)领会指针与变量、指针与数组的关系。

(3)掌握指针变量的定义和初始化方法。

(4)掌握指针变量作为函数参数的程序设计方法。

(5)掌握指针数组的使用方法。

二、实验要求

(1)预习实验内容,复习相关知识点。

(2)对设计型实验先进行数据分析和功能分析,然后画出程序流程图,再编写程序并调试运行,按要求回答问题。

(3)实验结束后,总结程序存在的不足并思考改进方法,并按要求完成实验报告。

三、实验原理

指针即地址。使用指针能使程序的执行速度更快,也能在更大程度上实现数据共享,使函数间传递信息更为方便。

函数获取数据的方式有(但不限于)以下几种:

(1)键盘输入。

(2)赋值语句。

(3)访问全局变量。

(4)参数传递(数据值或地址)。

函数给出结果的方式有(但不限于)以下几种:

(1)屏幕输出。

(2)修改全局变量。

(3)返回值。

(4)修改形参指针所指向变量的值,指针带回。

其他函数获取数据和给出结果的方式将会在以下实验中提到。

四、实验内容

1. 示例。

演讲比赛中有 10 位评委为选手评分,去掉最高分和最低分后取余下 8 个分数的平均值则为选手最终得分。编写程序,输出 10 个分数中的最高分、最低分和选手最终得分。

要求:定义并调用函数 maxminfinal( ),该函数的功能是求出 10 个分数中的最高分、最低分和选手最终得分。

本例要产生三个结果,而函数最多只能有一个返回值。可以利用指针作为函数参数将三个结果带回主函数。

(1)函数数据分析。

主函数中需要的主要变量如表 9-1 所示。

表 9-1 主函数的变量分析

变量名	类型	用途	获取方式	备 注
score	float 数组	存储 10 个分数	键盘输入	
max	float	存储最高分	调用函数计算	调用函数时以变量地址作实参
min	float	存储最低分	调用函数计算	调用函数时以变量地址作实参
finalscr	float	存储最终得分	调用函数计算	调用函数时以变量地址作实参

定义函数 maxminfinal( )用于求出最高分、最低分和最终得分,该函数需要的主要变量如表 9-2 所示。

表 9-2 函数 maxminfinal( )的变量分析

变量名	类型	用 途	获 取 方 式	备 注
pscore	float 数组	存储 10 个分数	数组名作参数传入	
pmax	float 指针	存储最高分变量地址(指针)	指针作参数传入	求出最高分,指针带回主函数
pmin	float 指针	存储最低分变量地址(指针)	指针作参数传入	求出最低分,指针带回主函数
pfinalscr	float 指针	存储最终得分变量地址(指针)	指针作参数传入	求出最终得分,指针带回主函数
sum	float	存储最终得分	局部变量赋值	

（2）函数功能分析。

用函数 maxminfinal( )实现求最高分、最低分、最终得分的功能：

①获取数据：形参指定数组名和存储最高分、最低分、最终得分的变量地址；

②处理数据：求出最高分、最低分、最终得分；

③给出结果：由形参指针带回，故函数无返回值。

依据以上分析，函数接口和基本框架为

```
void maxminfinal(float pscore[],float * pmax,float * pmin,float * pfinalscr)
{
    int i;  //循环控制变量
    float sum;    //定义局部变量
    ……    /* 处理数据：求出最高分存入 * pmax,最低分存入 * pmin,最终得分存入 *
pfinalscr  * /
    return; //该语句可省略
}
```

在主函数中，需要对 score、max、min、finalscr 进行定义，并以地址作为实参调用函数 maxminfinal( )：

```
int main(void)
{
    float score[10], max, min, finalscr;
    ……    //输入 10 个评委评分
    maxminfinal(score, &max, &min, &finalscr); //调用函数
    ……   //输出结果
    return 0;
}
```

请读者参考本例的分析，完善程序并上机调试运行，实现输入 10 个评委给选手的评分，并输出最高分、最低分和选手最终得分。

2.（难度★）阅读以下程序，分析并预测程序的运行结果，上机验证。

```
# include<stdio.h>
void swap1(char * a, char * b)
{
    char c;
    c= * a; * a= * b; * b= c;
}
void swap2(char a, char b)
{
    char c;
```

```
    c= a; a= b; b= c;
}
int main(void)
{
    char x= 'A', y= 'B';
    swap1(&x, &y); putchar(x); putchar(y);
    swap2(x,y); putchar(x); putchar(y);
    return 0;
}
```

3.(难度★★)统计字符。从键盘输入一行字符(按回车键结束),统计其中英文字母、数字字符、空格和其他字符的个数。

具体要求:

(1)编写一个自定义函数 count( ),其功能是统计字符串中英文字母、数字字符、空格和其他字符的个数,并将统计结果返回。

(2)在主函数中输入字符串,调用函数 count( )统计各种字符的个数并输出结果。

提示:函数 count( )要返回 4 个值,但 return 语句只能返回一个值,可将指针作为函数的参数使函数返回多个值。

4.(难度★★)编程实现:从键盘输入两个字符串 s 和 t,将字符串 t 连接到字符串 s 的尾部。要求定义并调用函数 void StrCat(char ∗ str1,char ∗ str2),该函数的功能是将字符串 str2 连接到字符串 str1 的尾部。

提示:字符串的连接请参看实验八中实验内容 6 的提示。

5.(难度★★)编程实现顺序查找。从键盘输入不超过 10 的正整数 n,然后输入 n 个整数存入数组 a 中,再输入整数 x,在数组 a 中查找 x,若找到则输出相应的下标,否则显示"没有找到"。要求定义并调用函数 search(int list[ ],int m , int x),其功能是在拥有 m 个数的数组 list 中查找 x,找到返回下标,否则返回—1。

6.(难度★★★)用指针数组记录各月份英文单词(即字符串)的首地址,请编写程序,实现月份翻译的功能。存储方式如图 9-1 所示,指针数组 0 号元素指向空字符串,其余元素下标即为月份数。

汉译英：从键盘输入月份值，输出对应的英文单词。例如，输入"9"，则输出"September"。如果输入的月份值不在[1,12]之内，则输出"输入错误！"。

英译汉：从键盘输入月份的英文单词，不论字母大小写如何，都先转换为首字母大写，其余字母小写的形式，再与指针数组所指向的月份单词对照后，输出对应的月份值。例如，输入"September"，则输出"9"。如果输入的英文单词在指针数组中找不到，则输出"输入错误！"。

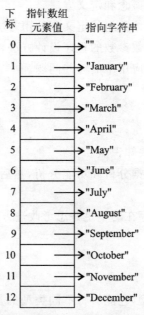

图 9-1　用指针数组存储每个字符串的首地址

7.（难度★★★）参看本章"1.示例"，若有10名选手参赛，修改程序完成所有选手的评分输入，并按示例所述规则求选手最终得分，最后输出冠军和亚军的分数。

提示：定义二维数组进行存储。

8.（难度★★★）参看【实验七】中【实验内容】"1.示例"，将程序改写为动态分配存储方式。输入方阵阶数 m，动态分配内存空间存储 m×m 大小的二维数组，再实现输入数组元素和判断下三角阵的功能。

实验十　结构体程序设计

一、实验目的

(1)理解结构体数据类型的概念和定义方法。
(2)掌握结构体变量和结构体数组的定义和使用方法。
(3)掌握结构体指针作为函数参数的程序设计方法。
(4)能运用结构体解决实际应用中的一些问题。

二、实验要求

(1)预习实验内容,复习相关知识点。
(2)对设计型实验先进行数据分析和功能分析,然后画出程序流程图,再编写程序并调试运行,按要求回答问题。
(3)实验结束后,总结程序存在的不足并思考改进方法,并按要求完成实验报告。

三、实验原理

结构体是一种构造数据类型,它能够将不同类型的数据组合在一起变为一种新的数据类型。生活中,由不同类型的数据组成的整体随处可见,比如学生信息、图书信息等,如果用结构体描述这些信息则非常方便。使用结构体编程时需注意以下几点:

(1)不能将结构体变量作为整体进行输入、输出操作,只能对每个成员进行输入、输出操作。引用结构体变量成员的格式为:结构体变量名.成员名。其中,圆点(.)为成员选择运算符。

(2)当出现结构体嵌套时,必须先通过成员来选择运算符,然后逐级找到最底层的成员,再引用。

例如:

假设学生信息包括学号、姓名和出生日期,而出生日期又包含年、月、日,这样就形成了嵌套结构,如图 10-1 所示。

学号	姓名	出生日期		
		年	月	日

图 10-1　学生信息的嵌套结构

根据图 10-1,定义嵌套的结构体类型为

```
struct date
{
```

```
        int year;
        int month;
        int day;
    }
    struct student
    {
        int num;
        char name[10];
        struct date birthday; //成员 birthday 是一个结构体类型的变量
    }
```

利用上面已经定义好的结构体类型来定义一个结构体变量 x,即

```
    struct student x;
```

如果要对结构体变量 x 的 birthday 成员进行赋值,则参考代码如下:

```
x.birthday.year= 1986;
x.birthday.month= 5;
x.birthday.day= 19;
```

(3)对具有相同结构体类型的变量可以进行整体赋值,这是结构中唯一的整体操作方式。在对两个同类型的结构体变量进行赋值时,实际上是按结构体的成员顺序逐一对相应成员进行赋值。这种整体赋值的操作经常用于排序中对两个记录进行交换,它可以缩短编写代码的时间。

假设用上面(2)中的 struct student 结构体类型定义结构体数组 stu,并用其来存储多个学生的信息。数组元素 stu[i] 和 stu[j] 分别存储其中两个学生的信息,如果要交换这两个学生的信息,可用以下代码实现:

```
temp= stu[i];   //中间变量 temp 定义为 struct student 结构体类型
stu[i]= stu[j];
stu[j]= temp;
```

四、实验内容

1. 示例。

从键盘输入两个复数,计算并输出它们的和。要求编写一个自定义函数 addcomplex( )实现复数的加法运算,并将结果返回主函数输出。例如:

复数加法运算:(a+ bi)+ (c+ di)= (a+ c)+ (b+ d)i

请读者按照以下步骤完成程序的编写、调试和运行。

实现步骤:

(1)复数由实部和虚部组成,定义一个描述复数的结构体类型。根据题意,程序框架为

```
# include <stdio.h>
struct complex      //定义结构体类型
```

```
{                         //注意:定义结构体类型应在所有的函数之前
    double real;          //定义成员变量,存储复数的实部
    double img;           //定义成员变量,存储复数的虚部
};
    ①     //定义函数 addcomplex ()
int main(void)
{
    struct complex a,b,c;   /* 定义 3 个结构体变量,a 和 b 存储从键盘输入的两个复数,c 存
储两复数之和 * /
    printf("请输入第一个复数的实部和虚部(用逗号隔开):\n");
        ②
    printf("请输入第二个复数的实部和虚部(用逗号隔开):\n");
        ③
c= addcomplex(a,b);     /* 调用函数 addcomplex (),并将函数返回值赋给结构体变量 c * /
    printf("复数之和为:\n");
    ④         //以''实部+ 虚部 i''的形式输出结果
    return 0;
}
```

(2)定义函数 addcomplex( ),其功能是计算两个复数之和并将结果返回。

①函数数据分析。

需设置三个变量存储数据,如表 10-1 所示。

表 10-1 addcomplex( )函数的变量分析

变量名	类　型	用　途	获取方式
x	struct complex	存储一个复数	参数传入
y	struct complex	存储一个复数	参数传入
z	struct complex	存储复数之和	局部变量赋值

②函数功能分析。

➤获取数据:形参指定 x 和 y,类型为 struct complex。

➤处理数据:将复数 x 和 y 之和存入 z 中。

➤给出结果:返回 z 的值,类型为 struct complex。

根据以上分析,可确定函数接口和基本框架为

```
struct complex addcomplex(struct complex x, struct complex y)
{
    struct complex z;     //定义局部变量
    ……        //处理数据:将复数 x 和 y 之和存入 z 中
return z;      //返回一个 struct complex 类型的值
}
```

请根据复数的加法法则将函数 addcomplex ( )的程序补充完整,并在程序中的编号

①～④处添加代码以实现相应功能,然后将源程序补充完整后上机调试运行。

(3)修改程序:将函数 addcomplex( )的类型修改为 void 型,用结构体指针变量作函数参数,将复数之和返回主函数后再输出。

提示:

函数接口和基本框架为

```
void addcomplex(struct complex x, struct complex y, struct complex* p)
{
    ……　//处理数据:将复数 x 和 y 之和存入 p 指向的结构体变量中
}
```

在主函数中调用该函数:

```
addcomplex(a,b,&c); //结构体变量 c 的地址作函数实参复制给形参 p
```

(4)思考:如果用结构体数组存储 3 个复数,需要如何修改程序?

2.(难度★★)定义一个结构体类型,包括三个变量,分别为三角形的三条边。从键盘输入三角形的三条边,首先判断能否构成三角形,若能构成三角形,输出三角形的面积,否则输出"不能构成三角形"。要求编写一个自定义函数 TriangleArea( )来计算三角形的面积,并将结果返回主函数输出。

提示:设三角形的边长分别为 a、b、c,计算三角形面积的公式为

$$area=\sqrt{s(s-a)(s-b)(s-c)},\quad 其中 s=\frac{1}{2}(a+b+c)$$

3.(难度★★)某班级缺少一个学习委员,班主任组织了一次班委补选,一共有 3 个候选人 zhang、li、wang,参加投票的同学有 10 人,每张选票上只能写一个人的名字。编程统计每个候选人的得票数,并输出各候选人的得票结果。要求用结构体数组存储 3 个候选人的姓名和得票结果。

提示:

定义结构体类型:

```
struct person
{
    char name[10];      //存储候选人姓名
    int count;          //存储候选人得票数
};
```

4.(难度★★★)编写程序实现时间的换算。先输入一个时间(以时、分、秒的形式表示),再输入一个秒数 n(n<60),输出该时间再过 n 秒后的时间值(超过 23:59:59 就从 0 点开始计时)。

具体要求:

(1)定义一个描述时间的结构体类型,包括"时、分、秒"3 个变量。

(2)编写一个自定义函数实现时间的换算,将换算后的新时间返回主函数后再输出。

(3)输入、输出要有提示信息,程序运行结果示例如下:

请输入时间:13:59:50

请输入秒:30

新时间:14:0:20

请从下面 5、6、7 中任选一个,完成程序设计。

5.(难度★★★★★)学生成绩管理系统。

已知某班级学生成绩如表 10-2 所示。

表 10-2　某班级学生成绩表

学　　　号	姓名	程序设计	英语	数学	平均分
108100121	张三	83	72	82	
108100122	李四	92	88	78	
108100123	王五	72	98	66	
108100124	邱六	95	87	90	
⋮	⋮	⋮	⋮	⋮	⋮

编写程序,要求实现以下功能:

(1)从键盘输入学生人数 n(n≤60),再输入 n 个学生的学号、姓名和三门课程的成绩,并计算每个学生的平均分。

(2)输出所有学生的成绩。

(3)计算每门课程的平均分。

(4)按学号查找学生成绩。

(5)按个人平均分从高到低排序。

具体要求:

(1)每个功能为一个独立的函数。

(2)输入、输出要有提示信息。

(3)对程序中的主要变量和语句用注释的形式加以说明。

(4)尝试做一个菜单供用户选择,接收用户的输入选项,然后根据用户输入的选项执行相应的操作。用户可以多次选择执行不同的功能,直到选择"退出"才终止程序的运行。菜单示例如下:

```
* * * * * * * * * * * * * * * * * * * * * * * * * * * * * * * * *
```
欢迎使用学生成绩管理系统
```
* * * * * * * * * * * * * * * * * * * * * * * * * * * * * * * * *
```
1.录入学生成绩

2.浏览学生成绩

3.计算每门课程的平均分

4.按学号查找学生成绩

5.按个人平均分从高到低排序

0.退出
```
* * * * * * * * * * * * * * * * * * * * * * * * * * * * * * * * *
```
请选择:

提示:

(1)学生信息结构定义如下:

```
struct student
{
    int num;                        //学号
    char name[10];                  //姓名
    int programming,english,math;   //程序设计课、英语课、数学课的成绩
    double average;                 //个人平均成绩
}
```

由于在上述定义的结构体类型中,成员变量 programming、english 和 math 均为整型,因此也可以采用下述结构对其进行定义。当学生有多门课程成绩时,以下结构更适用。

```
struct student
{
    int num;
    char name[10];
    int score[3];       //存储 3 门课程的成绩
    double average;
}
```

注意:结构体类型应在所有的函数之前定义。

(2)在主函数中定义一个 struct student 类型的结构体数组 stu 和一个整型变量 n,分别存储学生信息和学生实际人数。数组长度用宏定义,以便修改其值。

```
# define MAX 60              //最多的学生人数
struct student stu[MAX];     //每个数组元素存储一个学生的信息
int n;                       //学生人数
```

(3)在主函数中调用下列自定义函数。函数接口设计和功能描述如表 10-3 所示。

表 10-3　自定义函数的接口设计和功能描述

函 数 原 型	功　　能
void input(struct student stu[], int n)	输入 n 个学生的成绩
void output(struct student stu[],int n)	输出 n 个学生的成绩
void averforcourse(struct student stu[],int n)	计算每门课程的平均分
void search(struct student stu[],int n)	按学号查找学生成绩
void sort(struct student stu[],int n)	按个人平均分从高到低排序（排序方法有选择排序法、冒泡排序法等，选择其一即可）

6. (难度★★★★★)通信录管理系统。

建立一个通信录，每个联系人所含的信息如图 10-2 所示。

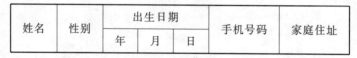

图 10-2　联系人信息的嵌套结构

编写程序，要求实现以下功能：

(1)从键盘输入联系人的人数 n(n≤100)，再输入 n 个联系人的相关信息。

(2)显示所有联系人信息。

(3)按姓名查找联系人信息。

(4)修改联系人信息。

(5)按姓名的字典顺序对所有联系人排序。

具体要求：参看本实验中实验内容 5 中的具体要求。

提示：

(1)联系人信息结构定义如下（嵌套的结构体类型）：

```
struct date
{
    int year;
    int month;
    int day;
}
struct friend
{
    char name[10];          //姓名
    char sex;               //性别
    struct date birthday;   //出生日期
```

```
    char phone[12];          //手机号码
    char address[50];        //家庭住址
}
```

注意:结构体类型应在定义所有的函数之前定义。

(2)在主函数中定义一个 struct friend 类型的结构体数组 tel 和一个整型变量 n,分别存储联系人信息和联系人实际人数。数组长度用宏定义,以便修改其值。

```
# define MAX 100          //最多的联系人人数
struct friend tel[MAX];    //每个数组元素存储一个联系人的信息
int n;                     //联系人实际人数
```

(3)根据题目要求,该系统的每个功能都对应一个自定义函数,并在主函数中调用这些函数。函数接口设计请参看实验中实验内容 5 的提示(3)。

7.(难度★★★★★)图书信息管理系统。

已知图书信息如表 10-4 所示。

表 10-4　图书信息表

书　　名	作者	价格/元
C 语言程序设计(第 3 版)	何钦铭	35
中文版 Photoshop CS5 实用教程	景怀宇	39.8
Office2010 实战技巧精粹辞典	王国胜	59
计算机操作系统(第三版)	汤小丹	32
SQL 入门经典	斯蒂芬森	45
现代网络通信导论	仇洪冰	13
算法设计与分析基础(第二版)	莱维丁	49
⋮	⋮	⋮

编写程序,要求实现以下功能:

(1)从键盘输入图书的数量 n(n≤100),再输入 n 本图书的信息。

(2)输出所有图书的信息。

(3)查找并输出价格最高和最低的图书的相关信息。

(4)按作者查找图书信息。

(5)按书名字符从小到大排序。

具体要求:参看本实验中实验内容 5 的具体要求。

提示:

(1)图书信息结构定义如下:

```
struct book
```

```
{
    char title[50];        //书名
    char author[10];       //作者
    double price;          //价格
}
```

注意:结构体类型应在所有的函数之前定义。

(2)在主函数中定义一个 struct book 类型的结构体数组 b 和一个整型变量 n,分别存储图书的信息和图书的数量。数组长度用宏定义,以便修改其值。

```
# define MAX 100        //最多的图书数量
struct book b[MAX];      //每个数组元素存储一本图书的信息
int n;                   //图书的数量
```

(3)根据题目要求,该系统的每个功能都对应一个自定义函数,并在主函数中调用这些函数。函数接口设计请参看本实验中实验内容 5 的提示(3)。

实验十一   文件程序设计

一、实验目的

(1)了解文件类型,理解文件与文件指针的概念。

(2)掌握文件的打开、关闭和读写等基本操作函数的使用方法。

(3)掌握文件定位的作用与方法。

二、实验要求

(1)预习实验内容,复习相关知识点。

(2)对设计型实验先进行数据分析和功能分析,然后画出程序流程图,再编写程序并调试运行,按要求回答问题。

(3)实验结束后,总结程序存在的不足并思考改进方法,并按要求完成实验报告。

三、实验原理

用 C 语言程序编写文件操作的程序大致分为三步:打开文件、读写数据、关闭文件。进一步细化后,可按下列步骤实现:

(1)定义文件指针。

```
FILE * fp;
```

(2)打开文件。

```
fp= fopen("文件名", "文件打开方式");
```

(3)判断文件是否打开成功。

```
if(fp= = NULL)
{
    printf("文件打开失败! \n");
    exit(0); /* 标准库函数,其作用是关闭所有打开的文件,并终止程序的执行。调用该函数
时,要在程序开头包含头文件 stdlib.h * /
}
```

(4)文件读写操作(从文件读取数据或者将数据写入文件)。

①字符方式读写函数:fgetc( )和 fputc( )。

②字符串方式读写函数:fgets( )和 fputs( )。

③格式化方式读写函数:fscanf( )和 fprintf( )。

④数据块方式读写函数:fread( )和 fwrite( )。

(5)关闭文件。

```
fclose(fp);
```

四、实验内容

1. 示例。

有两个整数(两数间用逗号隔开)事先存放在文本文件中,要求从文件中读取这两个数,在求出它们的最大值后,把结果存到另外一个文本文件中,并用文本编辑软件查看程序运行的结果是否正确。

根据实验原理中的文件操作步骤,程序框架为

```
# include <stdio.h>
# include <stdlib.h>
int main(void)
{
    FILE  * fp1;        //定义文件指针 fp1
     ①                  //定义文件指针 fp2
    int x,y,max;

    fp1= fopen("file1.txt", "r");       //以只读方式打开文本文件 file1.txt
    if(fp1= = NULL)        //判断文件 file1.txt 是否打开成功
    {
        printf("文件 file1.txt 打开失败! \n");
        exit(0);
    }
     ②         //以只写方式打开文本文件 file2.txt
     ③         //判断文件 file2.txt 是否打开成功
    fscanf(fp1,"% d,% d",&x,&y);   /*  从 fp1 所指的文件 file1.txt 中读取两个整数,分别放入
变量 x 和 y 中 * /
     ④         //求 x 和 y 的最大值并存入变量 max 中
     ⑤         /* 用函数 fprintf()将变量 max 的值写入 fp2 所指的文件 file2.txt 中 * /
    fclose(fp1); //关闭文件 file1.txt
     ⑥          //关闭文件 file2.txt

    return 0;
}
```

(1)请在上述程序中的编号①~⑥处添加代码以实现相应功能,并将源程序补充完整

后上机调试运行。

(2)程序中 fp1＝fopen("file1.txt", "r");和 if(fp1＝＝NULL)可以合并为 if((fp1＝fopen("file1.txt", "r"))＝＝NULL),表示既打开文件又判断打开是否成功。请修改程序,重新编译、连接和运行。

(3)程序中用函数 fopen( )打开文件 file1.txt 时,没有指定文件的路径,所以系统默认文件 file1.txt 与源程序文件在同一目录下。如果源程序中要指定文件的绝对路径,则定位子目录用的反斜杠"\"必须写成"\\",如 fp1＝fopen(" d:\\C_program\\file1.txt ", "r");,因为在 C 语言中"\"是转义字符,双反斜杠"\\"则表示实际的"\"。请读者修改程序,要求将两个整数的最大值写到 D 盘根目录下的文本文件 file2.txt 中。

(4)程序中用两个 fclose( )函数来分别关闭两个文件,也可以用函数 fcloseall( )关闭所有文件,该函数不需要参数,即 fcloseall( );。

(5)思考:如果要把结果(两个整数的最大值)写回原来的文件中,在两个数的下一行,需要如何修改程序? 提示:在将数据写入文件前,首先用 fseek( )函数将文件位置指针移动到文件尾部。

2.(难度★)统计一个文本文件中英文字母、数字字符、空格和其他字符的个数。

提示:
(1)本题与【实验四】、【实验八】和【实验九】中的【实验内容】第 3 题类似,区别在于要判断的字符不再从键盘输入,而是要从文本文件中读取。

(2)文件中设置了文件结束符 EOF(End of File),它是 stdio.h 文件中定义的符号常量,值为−1。设置一个循环,每次用函数 fgetc( )从文件中读取一个字符进行处理,通过判断函数 fgetc( )的返回值是否为 EOF 来决定循环是否继续。

3.(难度★)编写程序,把一个文本文件中的内容显示在屏幕上。要求每输出 20 行就暂停(按任意键继续)。

提示:
定义一个整型变量 count 作为计数器,初值为 0,每输出一行,count 加 1,当 count％20＝＝0 时,用函数 getch( )实现程序的暂停功能,调用该函数时,要在程序开头包含头文件 conio.h。

4.(难度★)编写程序,从键盘输入一个文本文件名(包括路径和文件扩展名),将该文本文件中的每一个字符及对应的 ASCII 码显示在屏幕上。例如:文件的内容是 China,则输出"C(67)h(104)i(105)n(110)a(97)"。

提示：

从键盘输入的文件名就是一个字符串，用字符数组进行存储。

5.（难度★★）输入正整数 n，再由计算机随机产生 n 对 1～100 的整数，组成 2 * n 道小学生加减法口算算式，并将所有算式写到一个文本文件中。然后用文本编辑软件查看程序运行的结果是否正确。

具体要求：

（1）每次随机产生 1 对整数，将其组合成 2 道算式，即 1 道加法算式和 1 道减法算式。组合成减法算式时，要比较 2 个数的大小，把大的数作为被减数，小的数作为减数。例如：随机产生的 1 对整数为 8 和 19，则加法算式为"8+19= "，减法算式为"19-8= "。

（2）文件中每行有 6 道算式，格式示例如下：

3+45=	45-3=	86+37=	86-37=	19+25=	25-19=
11+8=	11-8=	29+37=	37-29=	79+8=	79-8=

……

提示：

本题与【实验四】中【实验内容】第 12 题类似，区别在于生成的算式包括了加法和减法运算，并且算式不是输出到屏幕，而是要求写入到文本文件中。如何生成算式请参看【实验四】中【实验内容】第 12 题的提示。

6.（难度★★★）复制文本文件。从键盘输入一个已存在的文本文件的文件名（包括路径和文件扩展名），再输入一个新文本文件的文件名（包括路径和文件扩展名），然后将已存在的文本文件中的内容全部复制到新文本文件中。并用文本编辑软件查看程序运行的结果是否正确。

具体要求：

（1）用字符读写函数 fgetc( ) 和 fputc( ) 进行文件的读写操作。从 A 文件中逐个读取字符并写入 B 文件，直到 A 文件内容读完为止。

（2）由于（1）中的方法是逐个读写字符，效率太低，因此考虑以数据块为单位进行复制。按数据块读写文件可以用函数 fread( ) 和 fwrite( )，并用函数 feof( ) 来判断是否读到文件末尾。

注意：函数 feof( ) 在读完文件所有内容后再执行一次读文件操作（读到文件结束符），函数 feof( ) 才能返回非 0 值。

（3）如果要将一个文本文件中的内容追加到另一个文本文件的原内容后，需要如何修改程序？

（4）思考：如何实现二进制文件的复制？

7.（难度★★★）在实验十的实验内容 5 中学生成绩管理系统、6 中通信录管理系统或 7 中图书信息管理系统的基础上,增加文件操作模块,实现从文件中读取数据和将数据写入文件的功能。

下面以学生成绩管理系统为例,给出文件操作的具体要求,与其他两个管理系统的要求类似。

具体要求：

(1)程序运行时,首先从文件中读取学生信息,如果读取失败,则调用输入函数input( )进行数据的录入。

(2)退出程序前,将学生信息写入到文件中,并对数据进行备份。

8.（难度★★★★）编写程序,模拟用户注册和登录的过程。

具体要求：

(1)做一个菜单供用户选择,菜单界面如下：

```
* * * * * * * * * * * *
  1.注册
  2.登录
  0.退出
* * * * * * * * * * * *
```

请选择：

(2)注册模块。

用户注册时需要输入用户名和密码,密码要求连续输入两次且完全相同,注册成功后输出"注册成功!"的提示信息,并将用户注册信息写入文件中保存,如果用户连续两次输入的密码不同,则提示"注册失败"。

(3)登录模块。

登录时需要输入用户名和密码,然后在保存注册信息的文件中进行查找。如果输入的用户名在文件中未找到,则提示"用户名不存在";如果输入的用户名正确但密码错误,则提示"密码错误!";如果输入的用户名和密码都正确,则提示"登录成功"。

实验十二　综合程序设计

一、实验目的

(1)综合运用所学知识完成简单应用系统的设计与实现,进一步提高程序设计的能力。

(2)初步接触软件工程思想,培养分析设计意识。

二、实验要求

(1)综合运用各类知识点,选择并完成一个具有初步数据管理功能的简单应用系统。

(2)系统具有数据输入、存储、删除、修改、查询、显示等基本功能。

(3)对界面不做要求,只要能完成必要的信息交互即可。

(4)系统必须以菜单方式工作,并具有文件操作模块。

(5)作出完整的分析设计,再根据设计内容进行代码编写。

(6)系统的设计过程可参考本实验中学生成绩管理系统设计示例。

(7)实验结束后,总结系统存在的不足之处并思考改进方法,撰写综合设计型实验报告。

三、实验原理

应用软件工程的原理可以大幅提高系统开发的效率,建立完善的计划应当是开发工作的第一步。先进行功能需求分析,然后对数据、功能模块进行概要设计,再对每一个模块进行详细设计,在建立较为完整的计划后才进行编写代码。

四、实验内容

1.学生成绩管理系统。

功能要求:

(1)学生信息的录入、浏览、增加、删除、修改;

(2)按各种条件查询学生的相关信息;

(3)具有成绩统计功能,如平均分、排名次、及格率、各分数段人数及所占的百分比等;

(4)其他功能,如统计补考名单、输出成绩直方图等。

2.通信录管理系统。

功能要求:

(1)联系人信息的录入、浏览、增加、删除、修改;

(2)按各种条件查询联系人信息;

(3)按姓名字符从小到大排序;

(4)其他功能,如对联系人进行群组分类(朋友、同事、家人等)和分类显示联系人信息等。

3.图书信息管理系统。

功能要求:

(1)图书信息的录入、浏览、增加、删除、修改;

(2)按各种条件查询图书信息;

(3)按书名或价格排序;

(4)其他功能,如分类显示图书信息等。

4.图书借阅管理系统。

功能要求:

(1)图书和读者信息的录入、浏览、增加、删除、修改;

(2)按各种条件查询图书和读者信息;

(3)借书与还书信息处理;

(4)其他功能,如图书逾期处理、图书使用情况统计、读者信用度统计等。

5.图书交易管理系统。

功能要求:

(1)图书管理,包括图书信息的增加、删除、修改、查询等;

(2)会员管理,包括会员的注册、修改;

(3)图书选购;

(4)其他功能,如缺书登记、送货登记、会员级别与折扣等。

6.工资管理系统。

功能要求:

(1)职工基本信息的录入、浏览、增加、删除、修改;

(2)按各种条件查询职工信息;

（3）按姓名字符或实发工资额进行排序；

（4）其他功能，如工资分布情况统计等。

7.程序设计上机作业抄袭检查系统。

功能要求：

（1）比较两个作业的长度，若长度一致，则有可能是抄袭的；

（2）统计两个作业中各关键字的使用频率，若基本一致，则有可能是抄袭的；

（3）统计两个作业中标识符的使用频率，若基本一致，则有可能是抄袭的；

（4）其他功能，如定义比较合理的抄袭标准，用其他方法检查作业是否抄袭等。

8.文本编辑系统。

功能要求：

（1）文本的录入、浏览、增加、删除、修改、存储；

（2）文本的查找、替换；

（3）字数统计；

（4）其他功能，如文本的复制、剪切、粘贴等。

9.英文打字练习系统。

功能要求：

（1）给出打字练习样本；

（2）接收练习者输入的字符，并统计输入的正确率；

（3）练习结束，输出成绩、所用时间；

（4）其他功能，如统计多次练习的情况、对经常出错的字符进行针对性的练习等。

10.背单词系统。

功能要求：

（1）单词信息的录入、浏览、增加、删除、修改；

（2）显示一个中文词，要求练习者输入对应的英文单词，并给出正误判断，若错误，则给出正确的单词；

（3）练习结束，给出成绩；

（4）其他功能，如选书、统计多次练习的情况、对经常出错的单词进行针对性的练习等。

11.文献检索系统。

功能要求：

(1)文献的录入、浏览、增加、删除、修改;

(2)按各种条件进行文献检索,如按关键字、作者、单位、期刊、发表日期等进行检索;

(3)组合检索;

(4)其他功能,如根据用户最近的检索记录推荐相关文献等。

12. 实验室设备管理系统。

功能要求:

(1)设备信息的录入、浏览、增加、删除、修改;

(2)按各种条件查询设备信息;

(3)排序功能,如按设备编号、设备名称等进行排序;

(4)其他功能,如对设备进行分类统计等。

13. 某高校人事管理系统。

功能要求:

(1)高校人员信息的录入、浏览、增加、删除、修改;

(2)按各种条件查询人员信息;

(3)排序功能,如按人员编号、年龄等进行排序;

(4)其他功能,如对人员进行分类统计等。

14. 班费管理系统。

功能要求:

(1)班费收入和支出记录的录入、增加、删除、修改;

(2)按各种条件查询收支记录;

(3)统计功能,如班费收入汇总、班费支出汇总等;

(4)其他功能,如按财务表格样式显示班费的收支情况等。

15. 超市管理系统。

功能要求:

(1)商品管理,包括商品信息的增加、删除、修改、查询等;

(2)销售,包括输入商品编号和数量、计算应付款、找零;

(3)统计功能,如统计当天、当月、全年的销售额等;

(4)其他功能,如自动缺货登记、根据销售情况推荐进货等。

16. 自选题目。

功能要求:

(1)具有数据录入、浏览、增加、删除、修改、查询等基本功能;

(2)用文件存储数据;

(3)功能比较完善。

五、学生成绩管理系统设计示例

按照软件工程实践的原则,开发大型程序需要经过需求分析、总体设计、详细设计、编码实现、系统测试等几个阶段。下面对学生成绩管理系统的设计过程进行介绍。

1.需求分析。

该系统具有数据输入、存储、删除、修改、查询、显示等基本功能。主要功能需求如下:

(1)能方便地查看学生的信息;

(2)能对学生信息进行添加、删除、修改;

(3)能计算出每个学生的平均分并按个人平均分排序;

(4)能备份学生信息;

(5)其他要求,如数据的一致性、可靠性、易操作性等。

主菜单界面如图 12-1 所示。

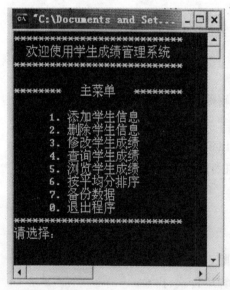
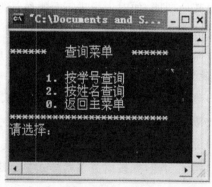

图 12-1 主菜单界面

2.总体设计。

(1)数据结构设计。

假设每个学生的信息包含学号、姓名、三门课程成绩及其平均分,则每个学生信息应包括如表 12-1 所示信息。

表 12-1 学生信息结构表

名称	学号	姓名	程序设计	英语	数学	平均分
类型	int	char[10]	int	int	int	double

(2)功能模块设计。

根据需求分析,将系统按功能分成以下几个模块,如图 12-2 所示。

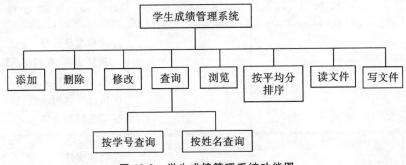

图 12-2 学生成绩管理系统功能图

各功能模块间的调用关系如图 12-3 所示。

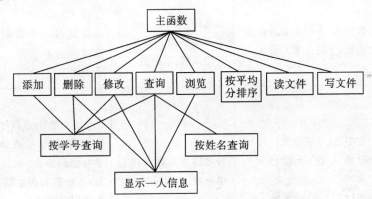

图 12-3 各功能模块间的调用关系图

(3)模块接口设计。

每个模块用一个函数实现,函数处理的数据来源和产生结果有如下几种:

函数获取数据的方式:

☆键盘输入

☆文件

☆赋值语句

☆访问全局变量

☆上层函数传递——设计形参

函数产生的结果:

☆屏幕输出

☆文件

☆修改全局变量

☆返回上层函数,有两种方式:存入指定地址,变量值——设计返回值(仅一个)。

下面对各函数进行接口和功能描述,如表 12-2 所示。

表 12-2 各函数接口和功能描述

函数	获取数据	产生结果	处理过程
主函数			①读取文件信息 ②重复③④,直到用户选择退出 ③列出功能选项 ④按选项调用函数 ⑤信息写回文件
读文件	①文件 ②数组名(上层传来):形参	①读到的信息存入形参指定的数组 ②人数传回上层函数:返回值	①打开文件 ②重复读信息到形参指定的数组 ③关闭文件
写文件	①数组名(上层传来):形参 ②人数(上层传来):形参	①文件 ②写成功的人数传回上层函数:返回值	①打开文件 ②重复写一个数组元素信息到文件 ③关闭文件
添加	①数组名(上层传来):形参 ②原有人数(上层传来):形参 ③新信息人数(键盘输入)	新增信息人数传回上层函数:返回值	①输入新学号(负数停止循环) ②调用"按学号查询"函数,若该学号已经存在,则继续输入新学号,否则输入其余信息,并存入形参指定的数组 ③返回新增信息人数
查询	①数组名(上层传来):形参 ②人数(上层传来):形参 ③键盘输入查询方式 ④键盘输入需查找的学号或姓名	查找成功则向屏幕输出该学生信息,否则显示"该学生不存在"的提示信息	①显示查询方式并接收用户选项 ②调用"按学号查询"函数或"按姓名查询"函数 ③根据②返回的结果,调用"显示一人信息"函数,并输出

续表

函数	获取数据	产生结果	处理过程
按学号查询	①数组名(上层传来):形参 ②人数(上层传来):形参 ③待查学号(上层传来):形参	下标传回上层函数:返回值	顺序查找,返回下标,查找失败返回-1
按姓名查询	①数组名(上层传来):形参 ②人数(上层传来):形参 ③待查姓名(上层传来):形参	下标传回上层函数:返回值	顺序查找,返回下标,查找失败返回-1
显示一人信息	①数组名(上层传来):形参 ②下标(上层传来):形参	屏幕显示	显示指定下标元素各项信息值
按平均分排序	①数组名(上层传来):形参 ②人数(上层传来):形参	有序数据存入形参指定的数组	冒泡法或选择法排序
修改	①数组名(上层传来):形参 ②人数(上层传来):形参 ③更新信息(键盘输入)	更新信息存入形参指定的数组	①输入学号(负数停止循环) ②调用"按学号查询"函数,若该学号不存在,继续输入下一个待修改学生的学号,否则输入其余待填信息,存入形参指定的数组 ③调用"显示一人信息"函数显示更新后的数据
删除	①数组名(上层传来):形参 ②原有人数(上层传来):形参	①删除指定信息后,其余信息存入形参指定的数组 ②新的实际存储人数传回上层函数:返回值	①输入学号(负数停止循环) ②调用"按学号查询"函数,若该学号不存在,继续输入下一个待删除学生的学号,否则执行③ ③调用"显示一人信息"函数显示将被删除的信息,获取用户确认 ④用户确认后移动数组元素,删除指定信息 ⑤修改实际存储人数
浏览	①数组名(上层传来):形参 ②人数(上层传来):形参	无	循环调用"显示一人信息"函数

（4）系统流程描述。

系统流程如图 12-4 所示。

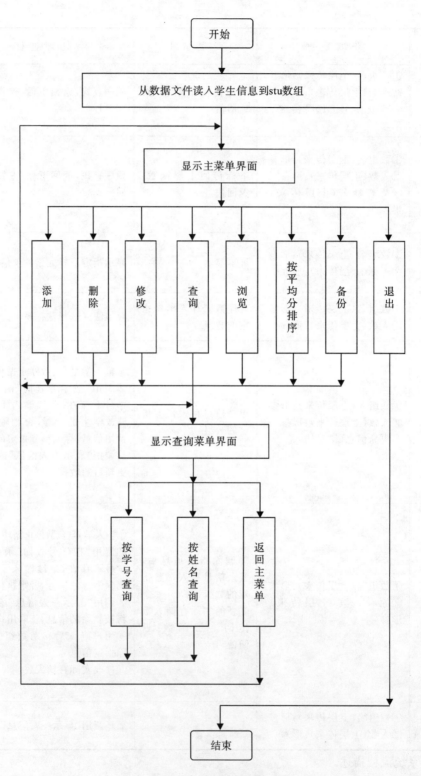

图 12-4 系统流程图

3.详细设计。

(1)数据结构设计。

数据结构定义如下：

```
struct student
{
    int num;
    char name[10];
    int programming,english,math;
    double average;
}
```

由于在上述定义的结构体类型中，成员变量 programming、english 和 math 均为整型，因此也可以采用下述结构对其进行定义。当学生具有多门课程成绩时，下面的结构更为适用。

```
struct student
{
    int num;
    char name[10];
    int score[3];    //存储 3 门课程的成绩
    double average;
}
```

注意：定义结构体类型应在所有的函数之前。

用宏定义数组长度：

```
# define MAX 60      //最多的学生人数
```

主函数中定义的主要变量：

```
struct student stu[MAX];      //结构体数组的每个元素存储一个学生的信息
int n;     //学生人数
```

(2)函数接口设计。

●主函数 int main(void)

●读文件 int readfromfile(struct student stu[])

●写文件 int writetofile(struct student stu[], int n)

●添加 int input(struct student stu[], int n)

●查询 void search(struct student stu[],int n)

●按学号查询 int num_search(struct student stu[],int n, int schnum)

●按姓名查询 int name_search(struct student stu[],int n, char schname[])

●显示一人信息 void output_one(struct student stu[],int k)

●按平均分排序 void sort(struct student stu[],int n)

●修改 void modify(struct student stu[],int n)

●删除 int delete(struct student stu[],int n)

●浏览 void output(struct student stu[],int n)

4.编码实现。

请读者根据以上分析,对各函数逐步求精并编码实现,对各模块分块上机调试,最后组合成完整的系统。该系统还可以增加其他功能,如对学号进行排序、计算各门课程及格率、统计各分数段人数及所占的百分比、输出补考名单等,请读者自行分析。

5.系统测试。

测试要点:

(1)主菜单、子菜单是否能正确显示和刷新;对于用户输入的非法菜单号是否能识别和进行处理。

(2)是否能正确地从数据文件中读取数据;是否能正确地将数据写入文件。

(3)是否能正确地进行增加、删除、修改等操作。

(4)各模块分开调试,检查各模块的正确性。

(5)系统联调,检查模块组合后程序运行是否正确。

附录 A Visual C++ 6.0 环境下 C 语言程序上机步骤

1. Visual C++ 6.0 开发环境简介。

Microsoft Visual C++是美国微软公司出品的用于 Windows 平台上的 C/C++集成开发环境之一,它不仅支持 C++语言的编程,也兼容 C 语言的编程。从 1993 年至今发行了很多版本,Visual C++ 6.0(以下简称 VC6)是其中安装简便、功能强大、使用方便的开发环境之一。本书中的实验环境均采用 VC6,本附录主要介绍如何在 VC6 环境下调试运行 C 语言程序。

VC6 集程序的编辑、编译、连接和调试等功能于一体,界面如图 A-1 所示。

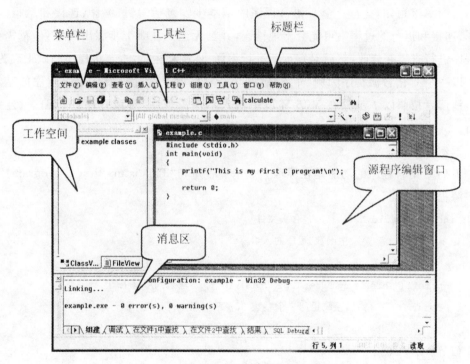

图 A-1 VC6 的界面

2. C 语言程序上机步骤。

用高级语言编写的程序称为源程序,C 语言源程序的文件名形式为"∗.c"。由于计算机只能识别机器语言(二进制代码),源程序无法直接被计算机运行,因此,必须把源程序"翻译"成机器语言。翻译 C 语言源程序的过程称为编译,C 语言源程序经过编译后生成由机器指令组成的目标程序,文件名形式为"∗.obj"。但目标程序还是无法被计算机直接运行,因为在源程序中,诸如输入、输出等常用功能并不是用户自己编写的,而是调用了系统函数库中的库函数(为了增强高级语言的功能,每一种高级语言都设计了函数库,

C 语言也一样)。因此,源程序编译后必须先从函数库中把需要的库函数连接到目标程序中,生成可执行程序,再由计算机运行,最终得到结果。可执行程序的文件名形式为"*.exe"。

C 语言程序的上机操作过程如图 A-2 所示。

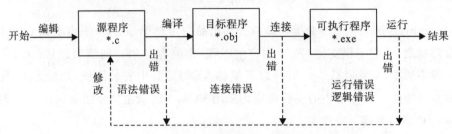

图 A-2　C 语言程序的上机操作过程

由图 A-2 可知,运行一个 C 语言程序的基本步骤包括编辑、编译、连接和运行,而在编译、连接和运行的过程中可能会出现错误,并且无论是在哪个步骤出现错误,都需要对源程序进行查错并修改,然后对它重新进行编译、连接和运行,直至将程序调试正确为止。

以一个 C 语言源程序为例,介绍在 VC6 开发环境下运行一个 C 语言程序的基本步骤。请读者按照以下步骤在 VC6 环境中输入示例源程序,对该程序进行编译、连接和运行。

示例:

下列 C 语言程序的功能是在屏幕上显示一个短句"This is my first C program!"。

源程序:

```
# include <stdio.h>      //包含头文件
int main(void)       //主函数,程序的入口
{
    printf("This is my first C program! \n"); //输出到屏幕上
    return 0;      //向系统返回一个整数 0,表示程序运行正常
}
```

(1)启动 VC6。

计算机安装 VC6 后,桌面上会出现一个 VC6 图标,如图 A-3 所示,用鼠标左键双击该图标即可启动 VC6 开发环境。也可以按照"开始"→"所有程序"→"Microsoft Visual Studio 6.0"→"Microsoft Visual C++ 6.0"流程,进入 VC6 开发环境,如图 A-4 所示。

图 A-3　VC6 图标

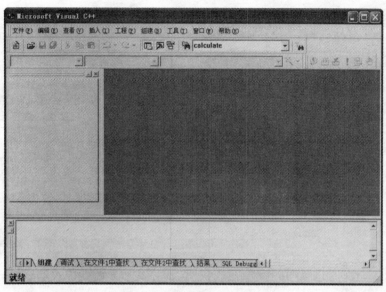

图 A-4　VC6 开发环境窗口

（2）新建 C 语言源程序文件。

启动 VC6 后，执行"文件"→"新建"命令，打开"新建"对话框，如图 A-5 所示。单击"文件"选项卡，先在"文件名（N）"一栏中输入 example. c（C 语言源程序文件扩展名为".c"，如果这里只输入文件名 example 而不输入扩展名，系统将按 C++扩展名".cpp"保存），在"位置（C）"一栏中单击图 A-5 中划圈的按钮，选择存放 C 语言程序的文件夹，然后选中"C++ Source File"选项，单击"确定"按钮。这时，在指定的文件夹下就新建了文件 example. c，并显示了源程序编辑窗口和消息区，如图 A-6 所示。源程序编辑窗口就是程序输入区，用户可以在该区域编辑程序。消息区显示编译、连接时的错误信息或调试时的各个变量的运行状态信息。

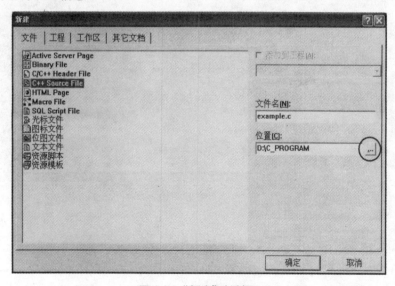

图 A-5　"新建"对话框

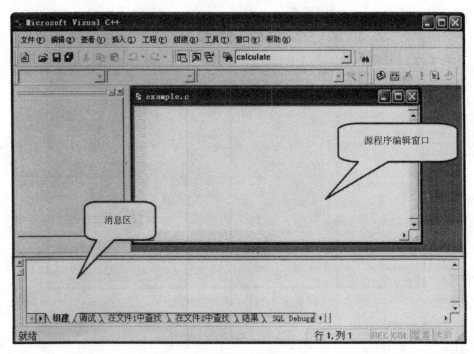

图 A-6　新建文件成功界面

（3）编辑和保存 C 语言源程序。

在图 A-6 中的源程序编辑窗口输入 C 语言源程序，如图 A-7 所示，然后执行"文件"
→"保存"命令，保存源程序。

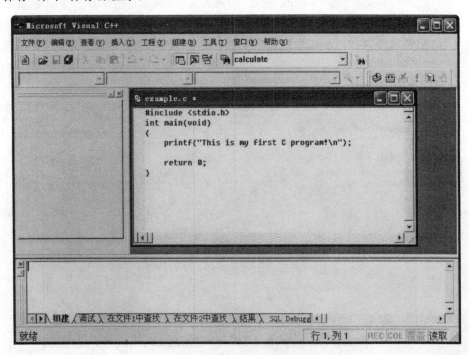

图 A-7　编辑和保存源程序

(4)编译。

C 语言源程序文件不能直接被计算机执行,它需要通过编译和连接两个步骤,才能生成可以被计算机直接执行的"可执行文件"。

在 C 语言源程序输入完成后,执行"组建"→"编译[example.c]"命令,如图 A-8 所示,或者单击图 A-8 中划圈的"编译"按钮,这时会弹出一个提示产生工作空间的对话框,如图 A-9 所示,直接单击"是(Y)"按钮,开始编译,并在 VC6 下方的消息区中显示编译结果,如图 A-10 所示。

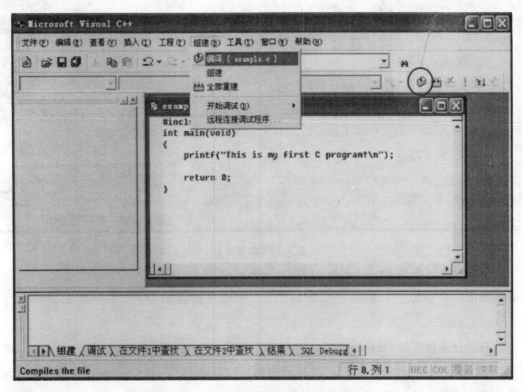

图 A-8   编译源程序

图 A-9   产生工作空间的对话框

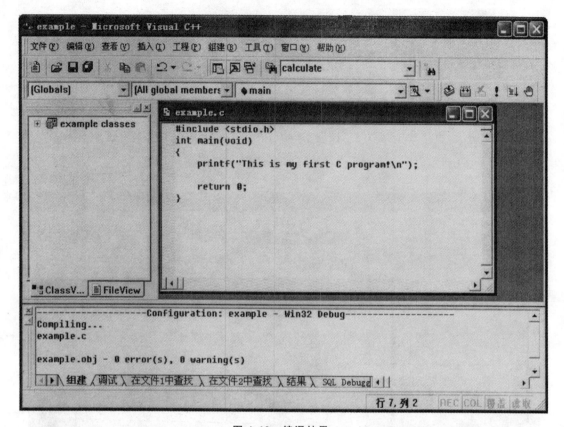

图 A-10　编译结果

如果消息区中显示"example.obj - 0 error(s),0 warning(s)"(error(s)代表错误,
warning(s)代表警告),则说明编译成功,没有发现错误和警告,并生成了目标文件
example.obj。

在程序编译阶段,编译器会自动对 C 语言源程序进行语法检查,并在消息区显示错
误(error(s))或警告(warning(s))的提示信息。如果显示了错误(error(s))信息,说明程
序中存在严重的错误,必须改正,否则无法通过编译;如果显示警告(warning(s))信息,说
明这些错误并未影响目标文件的生成,但通常应该将其改正,因为有些错误在程序运行的
时候可能会产生问题。

(5)连接。

编译完成后,执行"组建"→"组建[example.exe]"命令,如图 A-11 所示,或者单击图
A-11 中划圈的"组建"按钮,开始连接,并会在 VC6 下方的消息区中显示连接信息,如图
A-12 所示。

消息区中如果显示"example.exe - 0 error(s),0 warning(s)",则说明连接成功,没
有发现错误和警告,并生成了可执行文件 example.exe。

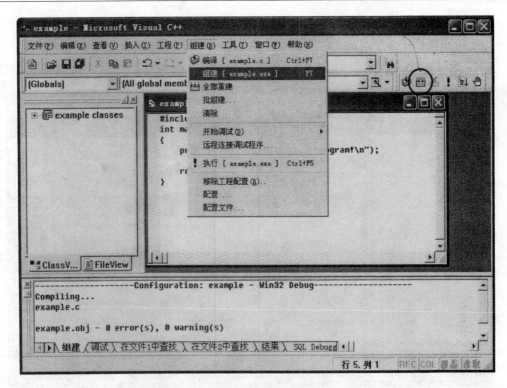

图 A-11　连接的界面

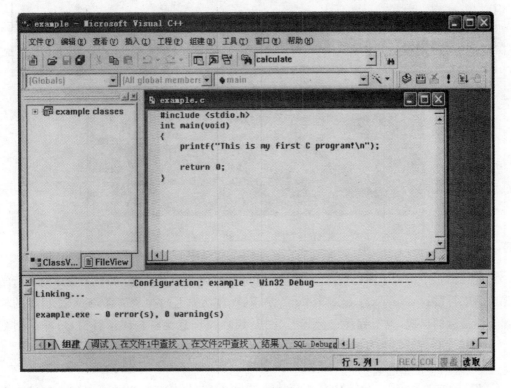

图 A-12　连接结果

（6）运行。

连接成功后，执行"组建"→"执行[example.exe]"命令，如图 A-13 所示，或者单击图 A-13 中划圈的"执行"按钮，程序将在一个新打开的 DOS 窗口中运行并显示结果，如图 A-14 所示。

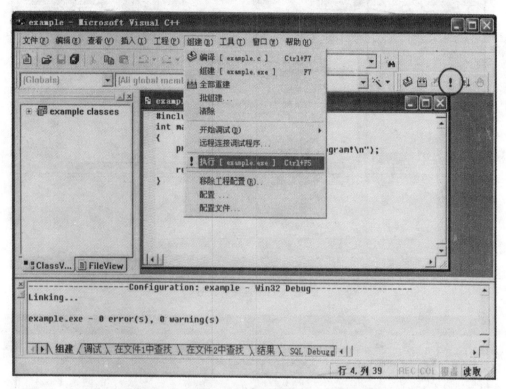

图 A-13　运行的界面

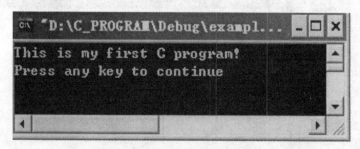

图 A-14　显示程序的运行结果

运行窗口中出现了两行信息。第一行"This is my first C program!"是程序的运行结果。第二行"Press any key to continue"是 VC6 自动加上的提示信息，并不是程序的输出。该信息的出现，说明程序已经运行完毕，用户按任意键将关闭运行窗口，并返回到 VC6 编辑窗口。

（7）关闭工作空间。

当一个程序完成编译后，VC6 会自动产生相应的工作空间，以完成程序的调试和运行。如果要编写调试和运行另一个程序,必须先关闭前一个程序的工作空间,执行"文件"
→"关闭工作空间"命令,如图 A-15 所示。这时会弹出一个确认关闭的对话框,如图 A-16
所示,单击"是(Y)",就会关闭当前正在工作的文件。

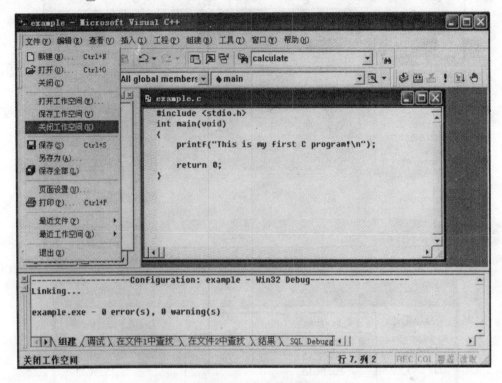

图 A-15　关闭工作空间

图 A-16　确认关闭的对话框

　　注意:在编写另一个程序前,一定要关闭前一个程序的工作空间。如果只关闭源程序
编辑窗口,将会造成下一个程序无法运行。

　　(8)打开 C 源程序文件。

　　如果要打开一个 C 源程序文件,可执行"文件"→"打开"命令,如图 A-17 所示,弹出
"打开"对话框,如图 A-18 所示,单击图 A-18 中划圈的按钮,在下拉列表中找到文件存放
位置,双击待打开的文件或者选中该文件后单击"打开"按钮,即可打开文件,如图 A-19
所示。打开文件后可重复上面的(3)~(6)步完成程序的编辑、编译、连接和运行操作。

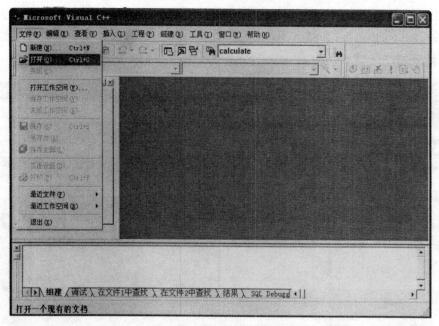

图 A-17 打开 C 源程序文件

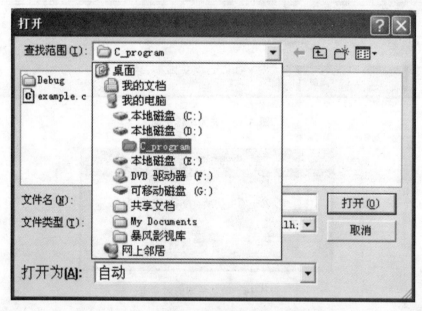

图 A-18 "打开"对话框

(9)查看 C 语言源程序文件、目标文件和可执行文件的存放位置。

经过源程序编辑、编译、连接和运行后,在 D:\C_program 文件夹下的内容如图 A-20 所示,C 语言源程序文件 example.c 在该文件夹中;在 D:\C_program\Debug 文件夹下的内容如图 A-21 所示,目标文件 example.obj 和可执行文件 example.exe 在该文件夹中,在这里也可以脱离 VC6 开发环境,在 Windows 下直接双击鼠标左键可执行文件 example.exe 运行程序。

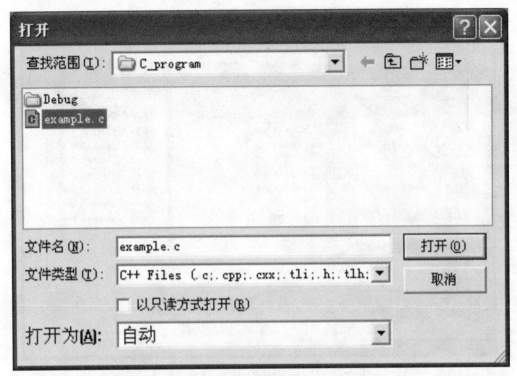

图 A-19　选择待打开文件

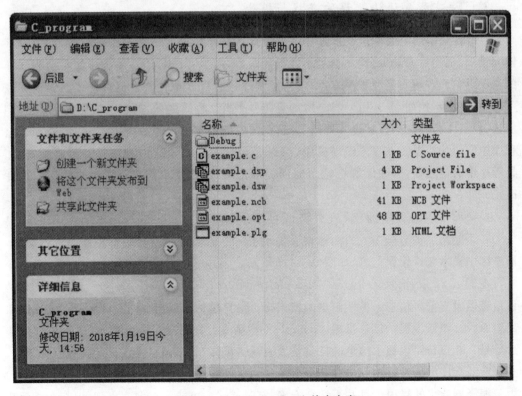

图 A-20　D:\C_program 文件夹内容

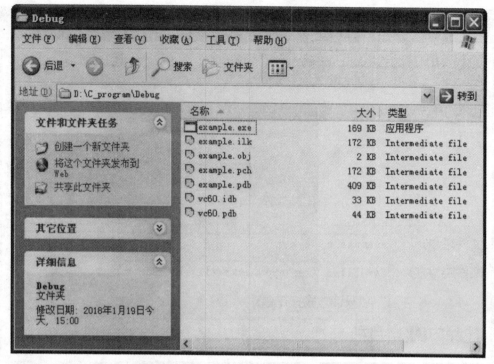

图 A-21　D:\C_program\Debug 文件夹内容

3.C 语言程序语法错误的查找与排除。

　　C 语言程序的语法错误是指源程序中含有不符合 C 语言语法规则的代码,如关键字输入错误、语句后面缺少分号、括号不匹配等因素,初学者在 C 语言编程中经常会犯这样的错误,因此,在编写完源程序以后,应对源程序进行仔细地检查。但有些语法错误往往不容易被发现,比如,分号(;)和逗号(,)等符号中英文输入混淆、数字 1 与英文小写字母 l 混淆、数字 0 与英文小写字母 o 混淆等,这就需要利用 VC6 提供的辅助功能,查找和排除程序中的语法错误。在程序编译阶段,编译器会自动对 C 语言源程序进行语法检查,如果程序中有语法错误,编译器会给出错误提示信息,根据提示信息可以很快找到错误并改正。

　　以前面所述的程序为例,故意将源程序中"printf("This is my first C program!\n");"语句最后的分号";"去掉,这样就出现了一个语法错误。然后对源程序进行编译,消息区中显示编译错误信息,如图 A-22 所示。

　　在图 A-22 中,消息区中显示"example.obj-1 error(s), 0 warning(s)",说明有 1 个错误信息但没有警告信息。横线画出的错误提示信息包括错误出现的文件名、行号、代码和出错原因。该错误提示信息指出:example.c 中第 6 行代码存在语法错误,即 return 前缺少分号。在该行错误提示信息的任意位置上双击鼠标左键,该行错误提示信息变为蓝色,并且在源程序编辑窗口左侧出现一个蓝色的箭头指向程序出错的位置,如图 A-23 所示。由于编译器给出的错误信息并不完全准确,有时错误也可能是在前面出现,但却在后面几行才被检查出来,因此,当在编译器指示的行找不到错误时,应该到前面的行去找错误。根据错误提示信息和箭头所指位置,在 return 的上一条语句 printf( )后面补上一个分号,重新编译,编译顺利通过。

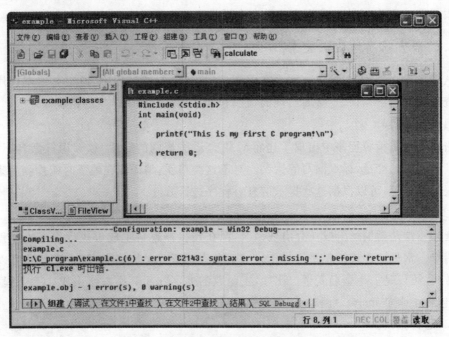

图 A-22　编译产生的错误信息

图 A-23　错误信息提示

注意：如果出现多个错误提示信息，可以每排除一个错误，就重新编译一次，因为后面的错误可能是由于前面的错误连带产生的，所以一个错误可能会引起一系列的错误提示信息。

附录 B 中列出了对于 C 语言初学者来说常见的一些错误，可供读者查阅。

4. C 语言程序的错误类型。

从图 A-2 可以看出，C 语言程序在编译、连接和运行的过程中，通常会出现程序编译时检查出来的语法错误、连接时出现的错误和程序运行过程中产生的错误等。

（1）语法错误。

语法错误是指源程序中出现了违背 C 语言语法规则的错误，如标识符命名不合法、使用了未定义的变量、标点漏写等错误。对于这类错误，编译器在编译时能检测出来并给出错误提示信息，可以根据这些提示信息对程序进行修改。

（2）连接错误。

连接错误是指编译阶段没有出现错误，但在连接器连接生成可执行程序的过程中出现了错误。常见的连接错误是符号未定义和符号重定义，在 C 语言中，符号既可以是一个函数，也可以是一个全局变量。比如，主函数的名字"main"拼写错误或在一个程序（工程）中包含了多个 main( )函数等，都将会导致连接错误。

（3）运行错误。

运行错误是在程序运行的过程中出现了计算机系统不能解决的问题，甚至可能导致程序被迫终止。如除数为 0、数值溢出、数组下标越界、无效输入格式等。

（4）逻辑错误。

逻辑错误是指程序没有出现语法错误，能够编译、连接并运行，但运行结果与预期结果不一致。

例如，要计算两数之和，应该写成"c＝a＋b；"，可是却写成了"c＝a－b；"，虽然语法上没有错，但求出的却是两个数的差。

又例如，

```
for(i= 10;i> = 0;i+ + )
{
   ⋮
}
```

此程序段中 i 的初值为 10，改变循环控制变量的语句为 i＋＋，使循环条件 i＞＝0 永远为真，形成死循环。

这类错误产生的原因可能是设计的算法有错误，也可能是算法正确而在编写程序时出现疏忽所致。逻辑错误是一种较难发现的程序错误，需要仔细分析程序，并借助集成开发环境提供的调试工具，对程序逐步进行调试，才能找到出错的原因，进而排除错误，这类错误在程序设计中要特别注意。

附录 B　C 语言常见错误解析

B.1　编译错误

B.1.1 致命错误

1.

【英文提示信息】(unexpected end of file found)

【中文解释】发现文件被意外结束。

【错误分析】可能是源程序缺少大括号"{"或"}",导致左右括号不匹配,或者注释符"/ * … * /"不完整等。

2.

【英文提示信息】Cannot open include file: 'xxx': No such file or directory

【中文解释】无法打开头文件"xxx":没有这个文件或路径。

【错误分析】头文件不存在,或者头文件拼写错误。

B.1.2 一般错误

1.

【英文提示信息】'xxxx': undeclared identifier

【中文解释】标识符"xxxx"未定义。

【错误分析】①如果"xxxx"是一个变量名,可能是没有定义这个变量,或者由于字母拼写错误导致已定义的变量名和实际使用的变量名不一致;②如果"xxxx"是一个自定义函数的函数名,可能是拼写错误,或者自定义函数放在主调函数的后面,但没有在函数调用前进行函数声明;③如果"xxxx"是一个库函数的函数名,比如函数 sqrt( )、fabs( ),可能是在程序开头没有包含相应的头文件(* . h 文件)。例如,调用 sqrt( )函数时没有在程序开头包含头文件 math. h。

2.

【英文提示信息】'xxxx':redefinition

【中文解释】"xxxx"重复定义。

【错误分析】变量"xxxx"在同一作用域内定义了多次,检查"xxxx"的每一次定义,只保留一个,或者更改变量名。

3.

【英文提示信息】'xxxx':redefinition;multiple initialization

【中文解释】"xxxx"重复定义,多次初始化。

【错误分析】变量"xxxx"在同一作用域内定义了多次,并且进行了多次初始化。检查"xxxx"的每一次定义,只保留一个,或者更改变量名。

4.

【英文提示信息】missing;before (identifier)'xxxx'

【中文解释】在"xxxx"（标识符）前缺少分号。

【错误分析】当出现这个错误时，往往所指的语句并没有错误，而是它的上一个语句发生了错误。①上一个语句的末尾缺少分号；②上一个语句不完整，或者有明显的语法错误，又或者根本不能算是一个语句；③如果系统提示发生错误的语句在第一行，而第一行语句使用双引号包含了某个头文件，那么在本文件中没有错误的情况下，检查这个头文件，在这个头文件的尾部可能会有错误。

5.

【英文提示信息】'xxx':must return a value

【中文解释】"xxx"必须返回一个值。

【错误分析】函数类型不是 void，但函数中没有用 return 返回值。如果函数没有返回值，则修改其函数类型为 void。

6.

【英文提示信息】expected constant expression

【中文解释】期待常量表达式。

【错误分析】一般是定义数组时数组长度为变量，例如："int n＝10；int a[n]；"中 n 为变量，这是非法的。

7.

【英文提示信息】'operator': left operand must be l-value

【中文解释】操作符的左操作数必须是左值。

【错误分析】例如："a＋b＝1;"是错误的，因为"＝"运算符左值必须为变量，不能是表达式。

8.

【英文提示信息】cannot add two pointers

【中文解释】两个指针变量不能相加。

【错误分析】例如："int * pa, * pb, * a; a ＝ pa ＋ pb;"中两个指针变量不能进行"＋"运算。

9.

【英文提示信息】array bounds overflow

【中文解释】数组边界溢出。

【错误分析】一般字符数组初始化时，字符串占用的存储单元需要大于字符数组长度，例如："char str[4] ＝ "abcd";"中，虽然字符串"abcd"需要占用 5 个字节的存储单元（包括结束标志'\0'），但数组长度只是 4。

10.

【英文提示信息】negative subscript or subscript is too large

【中文解释】下标为负或下标太大。

【错误分析】一般是由于定义数组或引用数组元素时下标不正确。

11.

【英文提示信息】'xxx': unknown size

【中文解释】"xxx"长度未知。

【错误分析】一般是由于定义数组时未指定数组长度,例如:"int a[];"是错误的。

12.

【英文提示信息】illegal else without matching if

【中文解释】非法的 else,没有与之相匹配的 if。

【错误分析】可能多加了";"或复合语句没有使用"{}"。

B.1.3　警告

1.

【英文提示信息】'xxx': unreferenced local variable

【中文解释】未使用已定义的局部变量"xxx"。

【错误分析】定义了变量"xxx"但没有使用,可以删除。

2.

【英文提示信息】'main': function should return a value;'void'return type assumed

【中文解释】main( )函数应该返回一个值;void 返回值类型被假定。

【错误分析】如果函数有返回值,则函数首部需指明返回值的类型;如果函数无返回值,则函数类型为 void(void 不能省略,否则函数类型被默认定义为 int)。出现该警告信息可能是因为在 main( )函数中没有用 return 返回值,但是 main( )函数的类型为 int 或者没有指明类型。

3.

【英文提示信息】local variable'xxx'used without having been initialized

【中文解释】局部变量"xxx"在使用前没有被初始化。

【错误分析】例如:程序段"int x;printf("％d\n",x);"将会造成警告,应对其进行修改。虽然编译、连接可以成功,但执行该程序段时,变量 x 没有获得确定的值,输出 x 的值无意义。

B.2　连　接　错　误

1.

【英文提示信息】unresolved external symbol _main

【中文解释】未解决的外部符号_main。

【错误分析】缺少 main( )函数。检查主函数 main 的拼写是否正确。

2.

【英文提示信息】_main already defined in xxxx.obj

【中文解释】_main 已经存在于 xxxx.obj 中了。

【错误分析】原因是该程序中有多个 main( )函数。如果编写完一个 C 语言程序后,没有关闭原来的工作空间就继续写下一个程序,可能会出现该连接错误。

B.3 运 行 错 误

1.

【错误提示】程序运行的过程中,当用户从键盘输入数据后,弹出如图 B-1 所示的对话框,程序异常终止。

图 B-1　程序异常终止对话框

【错误分析】函数 scanf( )中遗漏了取地址运算符"&"。

2.

【错误提示】设有如下代码:

```
int a,b;
scanf("% d% d",&a,&b);
printf("a= % d,b= % d\n",a,b);
```

从键盘输入"3,5"后回车,则程序运行结果如图 B-2 所示。

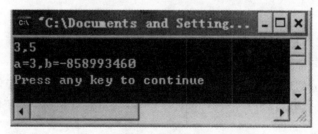

图 B-2　输入格式错误导致运行错误

【错误分析】数据的输入格式不符合要求。"scanf("％d％d",＆a,＆b);"指定了输入的两个整数可以用空格、回车、Tab 键隔开,但是不能用逗号隔开。如果是"scanf("％d,％d",＆a,＆b);",则输入"3,5"后回车就是正确的。

参 考 文 献

[1] 梁立，解敏. C 程序设计实例教程[M]. 北京：清华大学出版社，2008.

[2] Brian W. Kernighan，Dennis M. Ritchie. C 程序设计语言[M]. 2 版. 徐宝文，李志，译. 北京：机械工业出版社，2004.

[3] 苏小红，陈惠鹏，孙志岗，等. C 语言大学实用教程[M]. 4 版. 北京：电子工业出版社，2017.

[4] 何钦铭，颜晖. C 语言程序设计[M]. 3 版. 北京：高等教育出版社，2015.

[5] 蒋彦. C 语言程序设计实验教程[M]. 2 版. 北京：电子工业出版社，2011.

[6] 徐士良. C 语言程序设计题解与实验指导[M]. 3 版. 北京：人民邮电出版社，2009.